看漫畫讀懂

管好你的記帳本 薪貧族無痛儲蓄法

[原作] 橫山光昭 [漫畫] 桜こずえ

李秦／譯

人物介紹

潮見奈月

25歲，單身，中小企業正職員工。對現況不滿，會以購物抒發壓力。
但是購物不知節制，時常是入不敷出的狀態。

桂木紗矢

32歲，結婚2年但沒有小孩。是職場上的工作女強人，收入不錯，與先生的財產與花費都是分開算，因此沒有存錢的意識。

土屋香菜子

43歲全職主婦。有一個6歲的孩子。負責管理先生的薪水，但口頭禪是「想買的東西都買不起」。

野村陽一郎

62歲。退休後的興趣之一是參加烹飪課程，希望可以提升自己的廚藝。
因緣際會下開始給這三個人一些關於金錢與生活的意見。

目錄

Contents

Contents

序

想著「我一定要省錢」是沒辦法存錢的喔

Xmas GIFT
天啊…
PRICE ¥151,200 (TAX IN)

請問是要找送人的禮物嗎？
不、不是，我只是看看…
逃

怎麼辦…沒想到那麼貴…
但是又不想借錢…

如果又跟老媽借錢的話…
又要借!?
妳也給我差不多一點！
我看…還是算了…

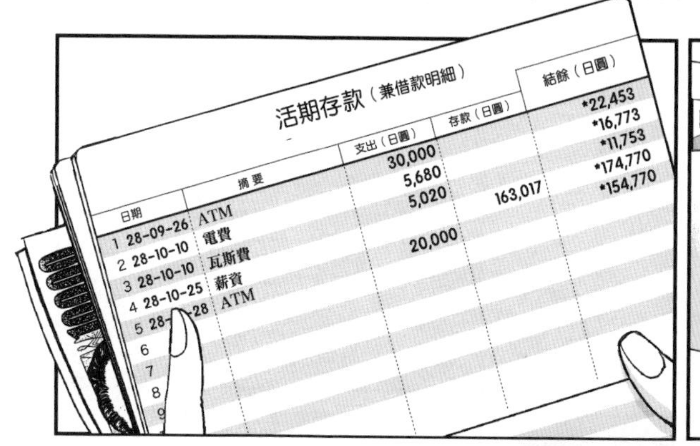

活期存款（兼借款明細）

	日期	摘要	支出（日圓）	存款（日圓）	結餘（日圓）
1	28-09-26	ATM	30,000		*22,453
2	28-10-10	電費	5,680		*16,773
3	28-10-10	瓦斯費	5,020		*11,753
4	28-10-25	薪資		163,017	*174,770
5	28-[illegible]-28	ATM	20,000		*154,770
6					
7					
8					
9					

阿俊♡
抱歉，等很久了嗎？
辛苦了！走吧，去吃飯吧！
奈月！
咦？啊…嗯…
那、那個，今天可以去家庭餐廳吃就好了嗎？
咦…
我不太喜歡家庭餐廳耶…
是喔…那去我家，我煮給你吃！…好嗎？

真的嗎!?超棒的——！
那我們去超市買食材吧！
啊，對了！
專業 洗衣店 快
我可以順便去一下嗎？

謝謝光臨—
那什麼？
よいしょっ
上次去喝朋友喜酒時穿的洋裝，雖然是跟別人借的。
是喔—

奈月—我好餓—趕快煮點什麼—
放下
好好，我現在就去煮，等等喔！

潮見奈月 様

啊！
欸—你怎麼可以亂開人家的信啦，阿俊！
好像是結婚喜帖呢！
咦…
Invitation

什麼⋯⋯！
又是結婚典禮？
怎麼辦啦～～
Invitation
要發今天的食譜囉—
料理教室
アローズ
那麼，2號桌是
潮見小姐
哎～
還剩2個月，要從哪生出來，3萬日圓的婚禮紅包⋯
桂木小姐
怎麼一直嘆氣⋯
奈月妳怎麼了？
桂木紗矢(32)
土屋小姐
土屋香菜子(43)

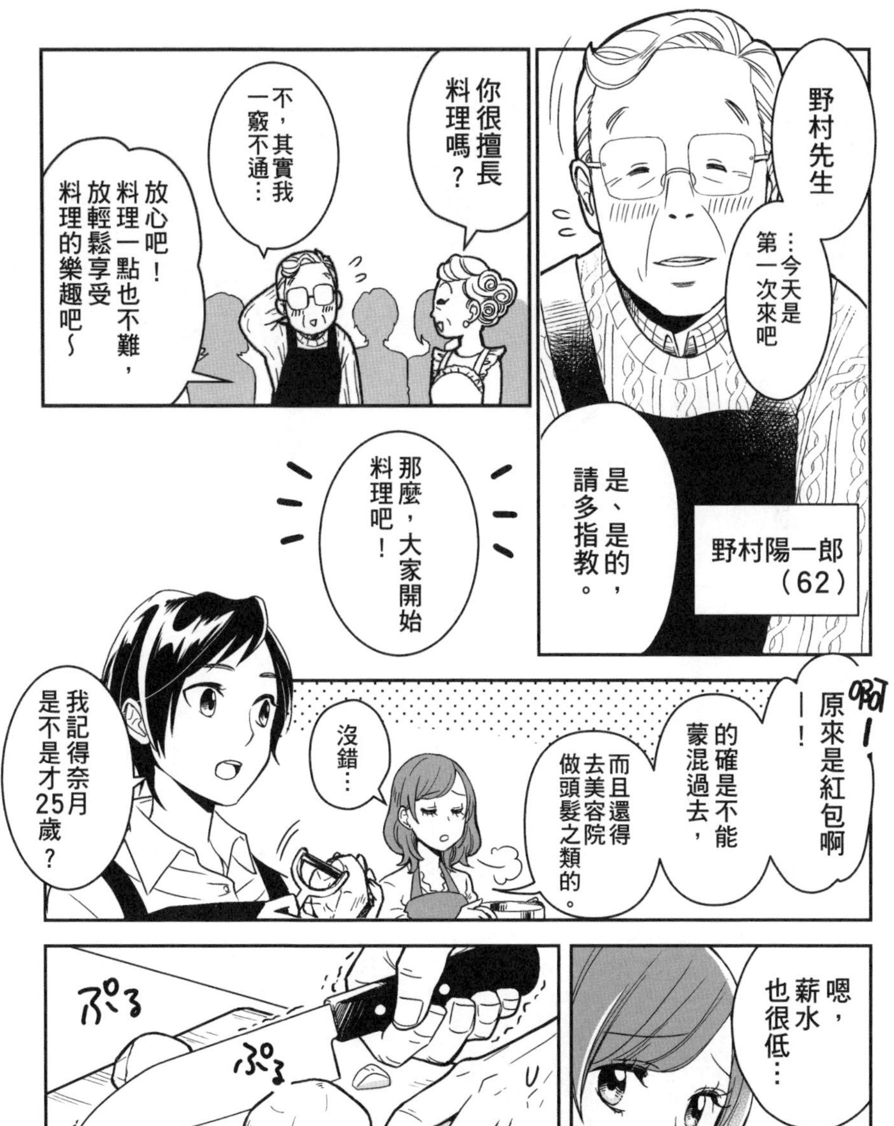
野村先生
…今天是第一次來吧
是、是的，請多指教。
野村陽一郎（62）
你很擅長料理嗎？
不，其實我一竅不通…
放心吧！料理一點也不難，放輕鬆享受料理的樂趣吧～
那麼，大家開始料理吧！
原來是紅包啊──！
的確是不能蒙混過去，
而且還得去美容院做頭髮之類的。
沒錯…
我記得奈月是不是才25歲？

嗯，薪水也很低…
我也沒有很喜歡這個工作…
來料理教室是我唯一的樂趣…
ぷる
ぷる
ゴロッ
是…是這樣切嗎…

野村先生，我們再稍微切薄一點吧！
啊，左手的手指要往內收…
好大塊
紗矢小姐
嗯？
好、好的。
我可以再跟妳借上次那件洋裝嗎？
拜託
是可以啦…可是妳要再穿一樣的嗎？

上次參加的是國中同學的喜酒，這次是高中社團的朋友，
成員沒有重覆，所以我想應該不會被發現！

真的是到哪都要花錢呢～我們家也是…
妳的小孩才6歲吧？

往後的花費會越來越高吧？
我現在已經在擔心了…
啊
倒太多
蔬菜切好後，就稍微炒一下～
大火
野村先生好像挺樂在其中呢～
呵呵呵
等待鹹派烤好的同時，來做沙拉吧～

じゃーん
喂喂，這個♪
你們看！
啊！這個是不是用來切酪梨的？
一次就能切好!!
沒錯！雖然用菜刀也能切酪梨…
可是才一千日圓左右，所以就網購了♪
嘖～快點用用看，
這麼說來，紗矢小姐也買了新的購物袋呢？
剛剛有看到
嗯，愛馬仕的。
欸！好好哦
東西買好一點的，才用得久啊！
而且使用名牌，可以讓妳的一舉一動增添自信與高貴的風采，
所以接觸好的東西，也算是一種自我投資喔！

紗矢是雙薪家庭吧？
還沒生小孩嗎？
最近我公婆也在吵著要抱孫子呢—
我們也不是沒在考慮啦～

因為夫妻倆都是在大公司任職的關係吧
真令人羨慕～
要是我老公可以再上進一點就好了…

不然把妳先生的零用錢減少一點的話呢？
啊哈哈
不行啦！他一定會擺臭臉給我看。

啊
痛
啊
野村先生不要緊吧？

那麼，我開動了！
我開動了♪

嗯～好好吃。
矢野老師的食譜果然美味又時尚呢！
鹹派的料會不會太大塊了？
啊，那個應該是我切的…
哎呀～跟各位美女一起用餐真是愉快呢！
心花怒放
下定決心報名料理教室真是太好了
ちらっ
回家也想做做看～
伯伯是在哪裡高就呢？
那個手錶應該要5萬日幣左右吧…
我已經退休了。
我太太要我找個興趣，所以我就報名了烹飪課程。

奈月可以幫我拿一下沙拉醬嗎？
ガタッ
好——
鏘
啊！

灑出
!!
真…真是非常抱歉！
啊～……
沒事沒事，不用介意。
怎麼可以……
我拿去送洗再還給你！
不用啦，不需要那麼費心…
這樣我會過意不去
啪
哇
如果洗不掉的話，我會賠你的。
…這樣好嗎？

畢竟是我的錯。
老實說真的很傷荷包……反正再貴也不會超過4、5千吧……

什麼!?
那件毛衣竟然那麼貴!
真是人不可貌相。
雖然還要加收特別處理費,不過還好有洗乾淨。
料理教室
アローズ
那位大叔雖然看起來冒冒失失的,
說不定其實是某間公司的社長之類的。
ひひひ
沒有啦~我只是普通的上班族而已啦!

今天來得有點遲，還好有趕上，
今天也請多多關照。
冒出
哎呀，野村先生你好啊。
伯伯…這個…
ガサッ

真的很抱歉。
噢噢，變得跟原本一樣了，真是幫了大忙～
請問…伯伯到底是何方神聖呢？
何方神聖什麼的…
我只是普通的退休老人而已喔…
只不過稍微比一般退休人士生活寬裕些罷了。

中小企業中階主管的退休上班族嗎？
紗矢！（太失禮了啦！）
哈哈，沒關係喔！
不過有必要那麼驚訝嗎？
因為，錢真的很難存嘛，不是嗎？

啊啊……我以前也曾有一段時期想法跟妳一樣，
曾經覺得「特價真是買到賺到」，不小心就買了新衣服或日用品，但是到了月底卻想不透，怎麼一下就沒錢了。
這都是因為當時還不了解「賺到的錢不能花」這個存錢的絕對法則。
如果每個月都想著「我一定要節省」，是無法持續下去的喔！
這不是理所當然的事嗎？
？
就是因為理所當然卻做不到啊！
ははは

比方說，你希望可以多2萬日幣自由運用，那麼方法只有三種：
①增加收入
（多賺2萬日圓）
②減少支出
（減少2萬日圓的支出）
③增加收入並減少支出
（多賺1萬日圓，減少1萬日圓的支出）

雙管齊下的③看起來最理想，實際上卻很難，
因為要增加收入必須換工作、打工或是兼職才行。
那麼減少支出②是最符合現實的方法囉…？
沒錯。

但是節約生活不會很乏味嗎？
感覺很沒有樂趣…

重點是這3種方法都會導向相同的結果。
也就是說，「減少生活支出」與「增加收入」是一樣的。

那是指…節省就等於是年收增加的意思嗎？
以效果來說的話。

這種性格的人在存錢上很容易失敗。

儲蓄容易失敗的人的性格

- **太過積極想要成功，於是把目標與計劃都訂得太詳盡**
- **每天都很在意自己有沒有達成自己訂的標準**
- **情緒大起大落，起伏很大**
- **很神經質，容易焦慮**

所以存錢其實是更加隨興與自我的人比較容易成功。

儲蓄容易成功的人的性格

- 不與他人比較，有自己的目標，不逞強
- 不會因一時的失敗感到失落，可以默默地持續下去
- 把節省當成輕鬆的遊戲並樂在其中
- 就算不順利時也不會找藉口

無法順利存錢時也不會責備自己，

フキ フキ

而是會去思考與探討「要如何才能順利引導自己存錢？」，這樣的人比較容易成功。

很多人學了好幾年英文，卻一直學不好對吧？
那是因為他們沒有目的，不知道學英文要用在哪。
相反地，不管英文多差的人，如果公司說半年後要外派出國，
你一定拚死也要學會，至少工作上的溝通要無礙才行。

也就是說要明確知道自己儲蓄的目的為何吧…

儲蓄的目的會成為你的動力來源。

「只是覺得自己應該存點錢」的人與
「明年夏天想跟朋友一起出國玩」的人
妳們不覺得他們想要存錢的意念完全不同嗎？
的確是…

奈月的儲蓄目的也可以說是為了包紅包吧
也、也是啦…

但是，除此之外沒什麼特別目標…
…這樣的話

妳想成是「為了未來的可能性而儲蓄」的奈月如何？
未來的我的可能性⋯？
也許某一天妳會「想去上某個課程取得證照」
或是「想去國外留學」之類的吧？
又或者是，單純想去某個電視節目介紹的觀光景點旅行。
這個時候，沒錢的人要開始存錢通常會拖到半年到一年之後。
說到要存錢，大部分的人都很容易產生抗拒的心理。
但其實儲蓄是「對自己的投資」。

拜拜！奈月、紗矢，下周見～
拜拜！辛苦了——
……
…？

我從來沒想過，儲蓄其實是對自己的投資…
之類的事…
最少也要存半年份的薪水
最好可以存1年份的薪水，這樣未來急需用錢時也不須擔心。
我的話大約是將近3百萬日圓吧…

伯伯說過，「先從記帳開始」對吧！
咦!?

我也來試試看好了！
儲蓄生活…！

Column

要如何才能從「存不了錢」中畢業？

世上沒有「存不了錢」的人

大家好。我是本書的原作者，也是理財規劃師橫山光昭。現在也以「家計再生顧問」的身分從事相關活動。

理財規劃師通常都是給予顧客資產運用與投資的相關建議，以及選擇保險的方法等，也就是以指導顧客如何活用手上資金的工作為主。但是我不只如此，我主要的工作是是針對那些「總是存不了多少錢」、「不只存不了錢，每個月的家計還是赤字」的人提出在有限的收入中管理家計的方法，讓他們可以做到「可以儲蓄的家庭理財」。

我這樣說，你們可能會覺得我是一個「很善於理財」的人吧！其實並不是這樣的。

事實上，我以前是一個完全沒有存款的人。我是那種手上有多少錢就花多少錢的類型。

正因為這樣，我才會不想再為錢所苦，從頭開始學習「用錢的方法」，並取得理財規劃師的證照。最後構思出不會存錢的人也能學會的存錢術。

我非常了解很多人不擅長存錢。因為我以前也是這樣。

但是，沒有「存不了錢」的人。包含我在內，我看過很多「沒有存款」的人，但是只要持續貫徹存錢術的內容，就一定有辦法存錢。

首先，要試著踏出第一步。三個月後你一定會這麼想：「我好像也可以存錢。」

改變對存款的意識

接著就由也曾是零存款的我，給你第一個建議。

會對這本書有興趣的人，多半是不太擅長儲蓄的人吧？我希望這些人可以改變對儲蓄的負面印象。

接著，請你牢記以下3點：

①並不是「不要花錢」，而是「改變用錢的方法」

是不是很多人一想到要存錢，就覺得提不起勁呢？為什麼會這樣呢？

那是因為你認為「存錢＝不能花錢」。

當然，存錢在一定程度上的確有不能花錢的成分在，但是重點並不在於「我省下了○○○元」。

我希望你把重點放在用錢的方法上。

為達到儲蓄的目的，並不是不能花錢，只要轉變成能夠存錢的花錢方式就可以了。

一起來找出對自己而言有意義的用錢方式吧！

②持之以恆很重要

檢視自己的用錢方式後，當然，你就會看到必須改善的地方。然後每個月的伙食費預計要花多少錢，以及要訂下每個月存下多少錢，訂定這些數值目標很重要。

但是，話雖如此，如果一味地被這些數字牽制，大多數人都會感到挫折。當你用錢超過當初訂下的目標，沒辦法存錢時，你就會覺得「我做不到」並放棄。

不過，就算是再怎麼謹慎有規劃地儲蓄的人，也有亂花錢的時候。舉例來說，像是新年活動很多的時候會有很多額外的花費，有小孩的家庭在暑假期間的水電、伙食與娛樂等費用也會增加。

這時候只要想著：「偶爾也會有這種情況嘛！」、「下個月再努力吧！」就可以了。

重要的是讓自己可以細水長流。比起神經兮兮地為了達成目標而不斷累積壓力，就算偶爾無法達成目標，只要儲蓄生活能夠持續下去，那就是增加存款的捷徑了。

③儲蓄是對自己的投資

在漫畫中也有這樣的內容，不過你可能會誤以為儲蓄是一種保障，但其實儲蓄是在對將來的自己投資。

在你想要開始一項新的事業或活動，想要在新的地方展開下一段人生時，如果這時因為沒有錢而不得不放棄的話，你就等於親手斬斷讓自己的人生更加幸福的機會。

但是這時候如果你有一些存款的話，就有機會嘗試自我的可能性。儲蓄是不論在任何時候都能使你活出自我的一種投資。

Chapter 1

從支出觀察自己的用錢習慣

……
唔～～

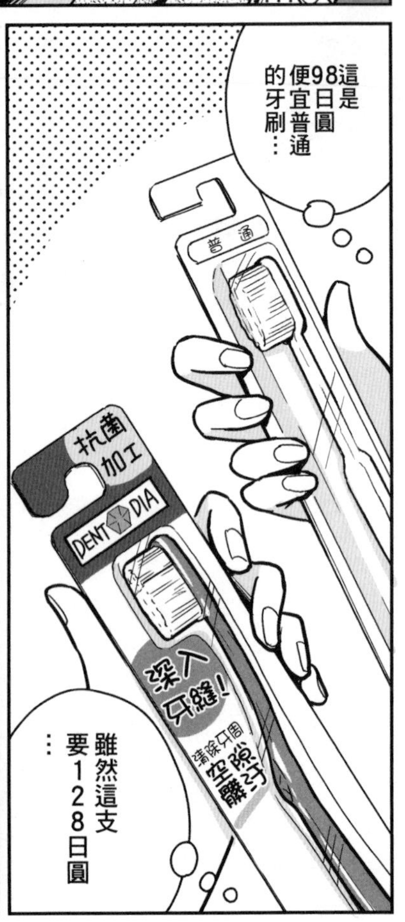
這是98日圓便宜普通的牙刷……
普通
抗菌加工
DENT DIA
深入牙縫!
雖然這支要128日圓……

碰
多少有些機能性的牙刷還是比較讓人放心。

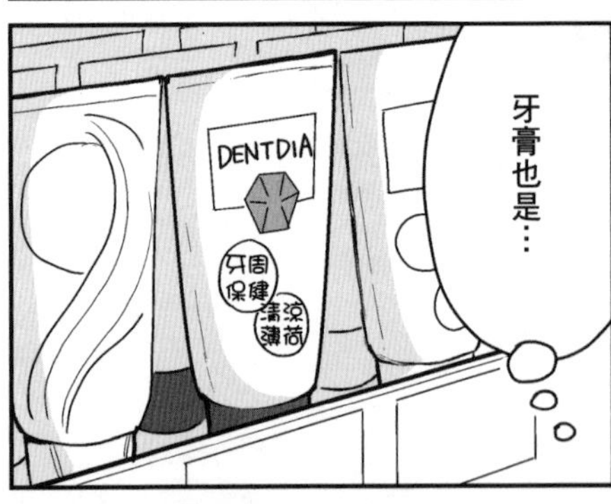
牙膏也是……
DENTDIA
牙周保健
清涼薄荷

總之先買來試試看。

啊～
從原本的飲酒會降級成下午茶會啊！
嚼
嚼
對、對不起啦，紗矢！
ぷす，

算了啦！
但是，成果出來了嗎？記帳本什麼的。

野村先生說，首先「了解自己的用錢習慣很重要」⋯
明天要再更詳細地向他請教。

「努力賺錢就不會為錢所困。」
我是這麼想的啦！
換跑道找個好工作不好嗎？
那是因為紗矢很優秀才能那麼想吧⋯
畢竟是大行銷公司的主任⋯

而且小額投資股票不是也滿賺的嗎？
妳知道NISA*嗎？
比起把錢存在銀行，買股票更賺喔！
NI⋯
NISA？

*日本小額投資免稅制度

抱歉，久等了！
香菜子來了。
變成充滿生活感的聚會了呢…
啊！請給我一杯拿鐵。
我要續杯特調咖啡，奈月呢？

啊！
我、我不用了。

咦，紗矢剛剛也去購物嗎？

對啊！我想買一件今年流行的新色上衣。
真好！
還有啊！我還買了一條裙子——

今天的消費金額是2580日圓。
CASHIER

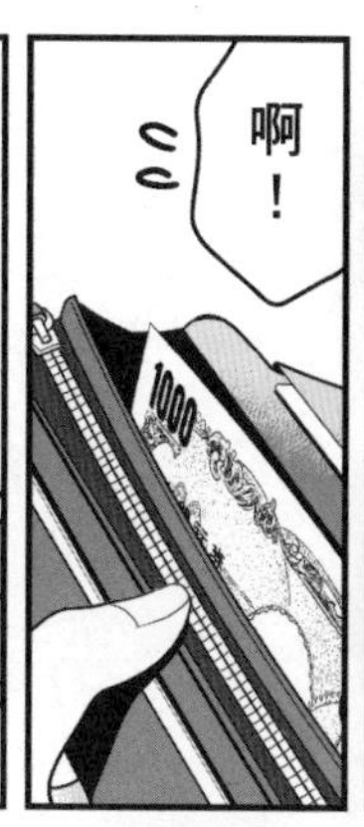
啊！

抱歉，可以先用我的卡付嗎？
我的現金不夠。
嗯！

跟您借一下信用卡，

是不是買太多了？
錢夠嗎？

不是這樣的。
剛剛買東西幾乎都是刷卡。
還能順便累積紅利點數。

是喔…
啊！剛剛不是為了集點喔！我是真的沒有現金。

我的是450日圓。
我也是

那就料理教室見。
紅茶……480日圓……

16:32
75%
結束
MEMO
交通費 370日圓
紅茶 480日圓
是這樣記帳的啊！

用什麼方法都可以，
我回家之後會輸入到電腦表格裡。

是喔！

要來記帳了。

ｻｯ

叮
啊，有新信…

嗶

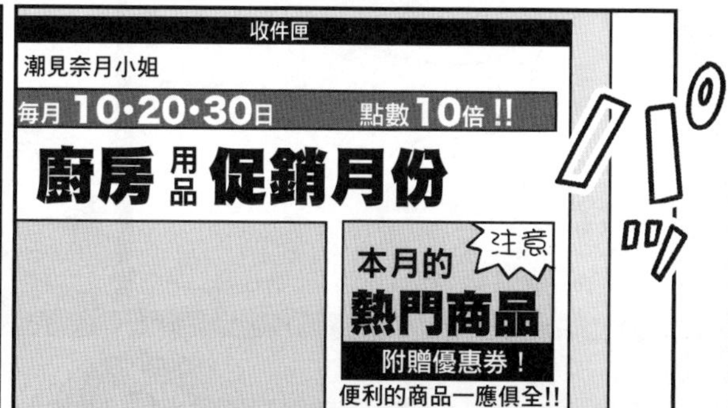
收件匣
潮見奈月小姐
每月 10・20・30日 點數10倍!!
廚房用品促銷月份
注意
本月的
熱門商品
附贈優惠券！
便利的商品一應俱全!!
パッ

看了會想買，不行！
ゴミ箱

不可以…
ウズ
沒事啦！看看而已…
ウズ

我的用錢習慣嗎……
了解自己的用錢習慣？
沒錯！就是這樣，所以才要記帳。
也就是說要掌握收支平衡嗎？
我雖然有記帳，
但是生活已經很拮据了，根本無暇想那麼多。
說到「存錢」，妳們是不是覺得生活費必須十分節儉才行？
嗯嗯
……是啊
還有啊，貸款轉貸可以省利息。
投資股票增加收入也是一個方法。

大家懂得真多呢！
沒有啦！這些只是常識而已。
那，所以呢？有賺到錢嗎？
安——靜
如果這些知識派不上用場…
那就表示…
連加法減法都還搞不清楚就想算分數的意思
嗎？
也就是說，搞錯順序了？
對！
金錢的活用能力（literacy）有分階段。

金錢的活用能力三階段

STAGE 3
活用金錢

能夠管理金錢，學習有關金錢的知識後，實際「活用」金錢的階段。
實踐投資運用的階段。
包含①為了更深入學習錢的性質，可以把投資當做業餘的興趣，②了解長期、分散投資才能確保安定的投資管理模式，這2個基礎概念。

STAGE 2
學習金錢

能夠管理自己的金錢後，接著就是學習活用金錢的方法。購買有關財務知識的書，或是報名相關課程，累積知識。
雖然也有人「從投資中學習」，但是失敗的風險高，在此階段並不是明智之舉。

STAGE 1
管理金錢

管理生活中的金錢的階段。
利用記帳本掌握金錢的流向，控制不必要的支出，並且避免無意義的借款。訂好目標，慢慢累積存款。這些是為了能夠控制自己財富的基礎。

最有趣的當然是能夠增加財富的第3階段，

可是很多人在第1階段就已經遇到瓶頸了。

在這種狀態下投資難怪無法成功。

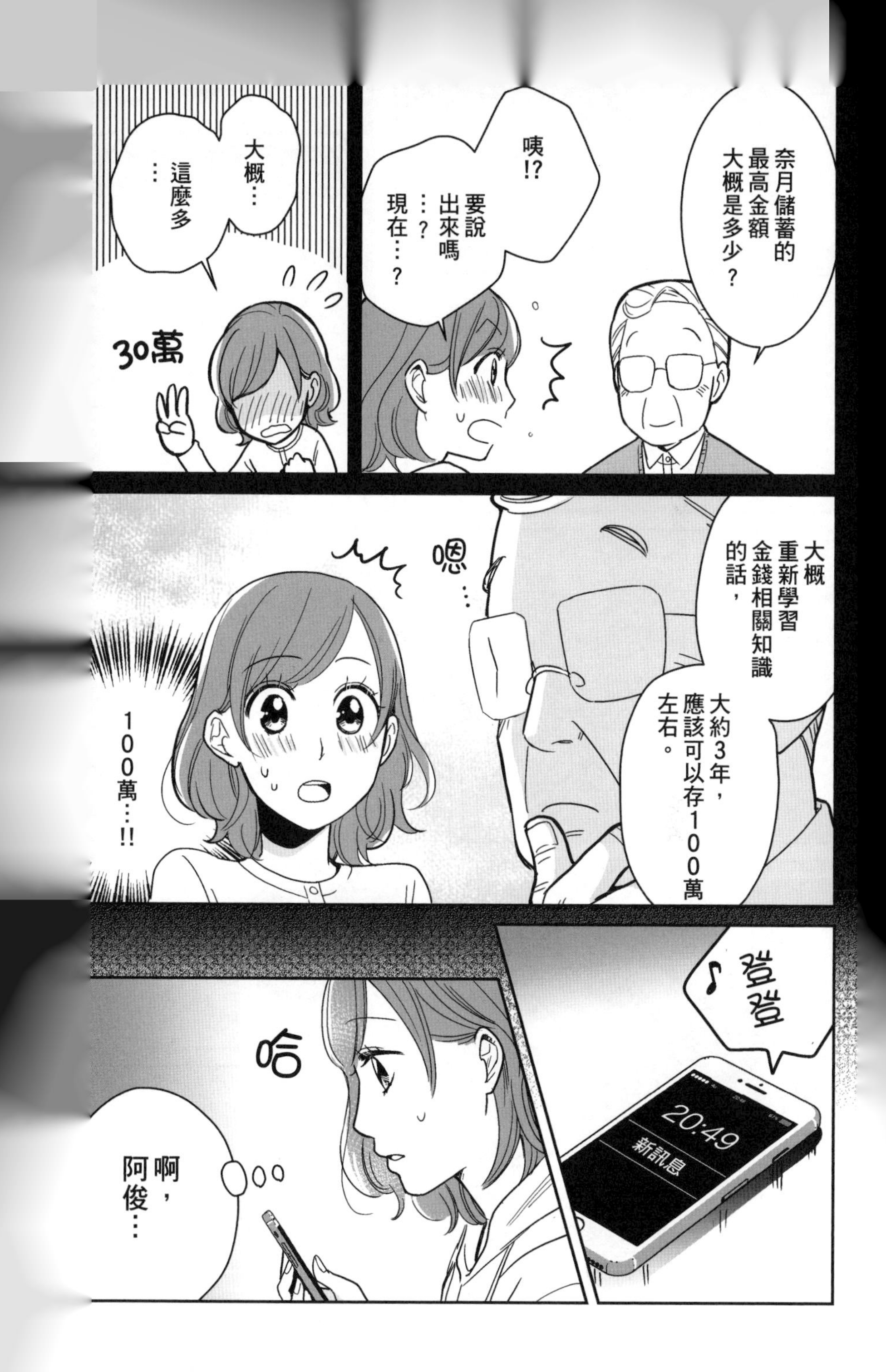

奈月儲蓄的最高金額大概是多少？
咦!?要說出來嗎…？現在…？
大概…這麼多…
30萬
大概重新學習金錢相關知識的話，
大約3年，應該可以存100萬左右。
嗯…
100萬…!!
♪登登
20:49
新訊息
哈
啊，阿俊…

4u
20:49
61%
俊
奈月
20:49
我明天早班，
晚上要不要
見面？
20:49
去看
電影嘛！
20:49

……

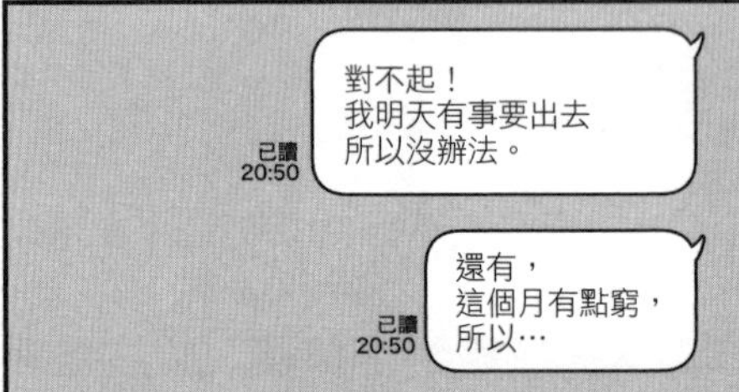
對不起！
我明天有事要出去
所以沒辦法。
已讀
20:50
還有，
這個月有點窮，
所以…
已讀
20:50

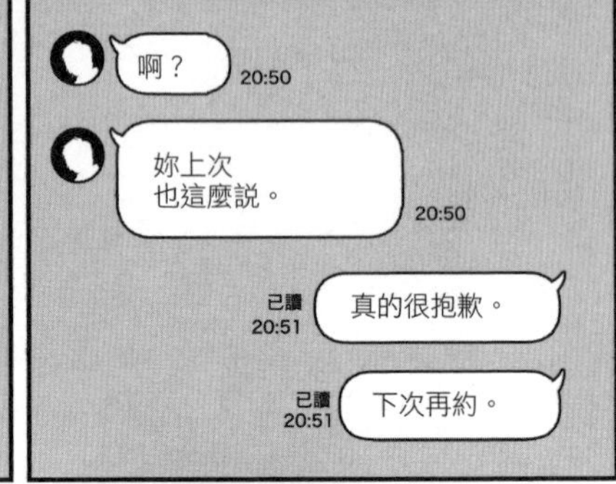
啊？
20:50
妳上次
也這麼說。
20:50
已讀
20:51
真的很抱歉。
已讀
20:51
下次再約。

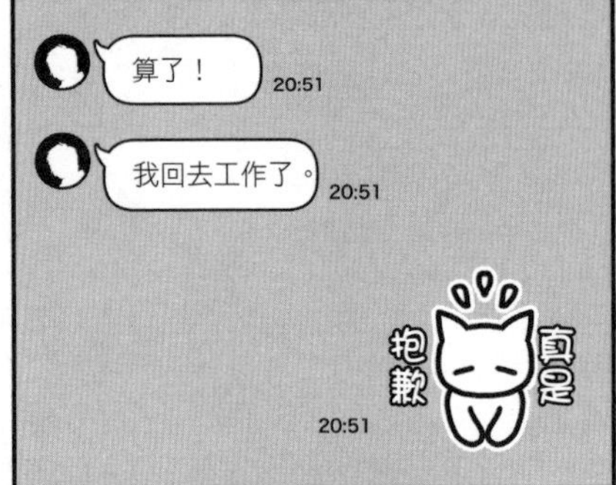
算了！
20:51
我回去工作了。
20:51
真是抱歉
20:51

……
呼ー
カタッ
カタタッ
是不是惹他生氣了……

カメラ
ト・メガネ
SmileSuitCompa
5F
薬
紗矢拜拜，下次再約——
回家小心～
嗯，拜拜～

啊！
突然想到，現金……

要是有多領一點就好了！
1000
1000
1000

我回來了～

回來啦！
啊！你已經到家了啊！

來，開水。
還有這個。
妳的信。
桂木紗矢様
信用卡使用明細
NIPOS CARD
Family SALE

謝謝，我等一下看。
對了，紗矢，
下禮拜，我爸媽說要過來，妳可以吧？

又要來？
不過我禮拜六下午要上烹飪課，

那就把晚上空下來，
知道了！
我先去洗澡。

叮—咚
野村

哇～
好大的房子⋯⋯

喀拉
來了～
歡迎歡迎。
妳來啦！

初次見面，我是潮見奈月。
外子常跟我說妳的事呢！很高興能見到妳。
小東西不成敬意⋯⋯
哎呀，那麼費心⋯⋯
當自己家別客氣。
來來，請進。

那之後
還有持續
記帳嗎？

有！
雖然說
都有記帳…

噢噢…
這個，
紀錄得
真詳細呢！

但是我不知道
從中要如何改進
才好…

我說過
要把支出紀錄
當成是認識自己
的材料吧！

是的。
費用
支出
收入
項目
日期
也就是說，
從用錢的方法
可以判斷一個人
的個性。

常用信用卡付費

↓

縱容自己，自制力不足的類型

自認為是善用紅利點數的聰明消費者，但是習慣不用現金的消費方式，有可能會輕易買下高價的商品

手機通訊費很高

↓

依賴性很強的類型

不和別人保持聯絡就會感到不安，手機沒電就會去便利商店買充電器，或是為了用免費Wi-Fi而去咖啡店，反而增加支出

交際費高

↓

容易感到寂寞，一個人就會感到不安

不擅長自己一個人吃飯，總是和別人在一起的類型。也有人一筆一筆的費用加起來，一年可以花到50萬日圓、100萬日圓在交際上

保險費用高

↓

不會從正面解決問題，以直覺行動的類型

各種保險費用加起來也相當可觀，但是從不去認真思考自己是否真的有需要，只是認為多一份保險多一安心，於是保費不斷增加

花在嗜好品的費用高

↓

意志力薄弱的類型

控制不了當下的慾望，不小心就會買酒、菸、咖啡與小點心等。
無法戰勝小慾望，小錢也會也會越積越多

我應該算是這種類型吧…

食材之類或是調理用具之類的，我有看到特別的就想買的習慣。

嗯嗯，

但是發現這點也是一大收獲喔！

但是就算忍著不買，也不過才幾千日圓，好像沒有省多少。
說得沒錯，想要確實地節省與存錢，妳需要減低固定開支。
固定開支…
手機月租費…之類的嗎？
沒錯！
除此之外，固定開支還有會自動扣款的水電瓦斯費與網路費等。
雖然是每個月幾乎都會固定產生的費用，
但是應該把自己固定的行動所產生的支出也視為是「固定開支」比較好喔！

居住費
電話費
健身房
酒
保險費
報章雜誌
ATM手續費
菸
外食午餐
汽車
油錢
營養保健品
定期聚餐
果斷地削減這些支出的話，一整年所省下的金額也很可觀喔！

但是…這些費用沒辦法完全歸零？

是的，
還有，不需要勉強減少需要的固定開支。

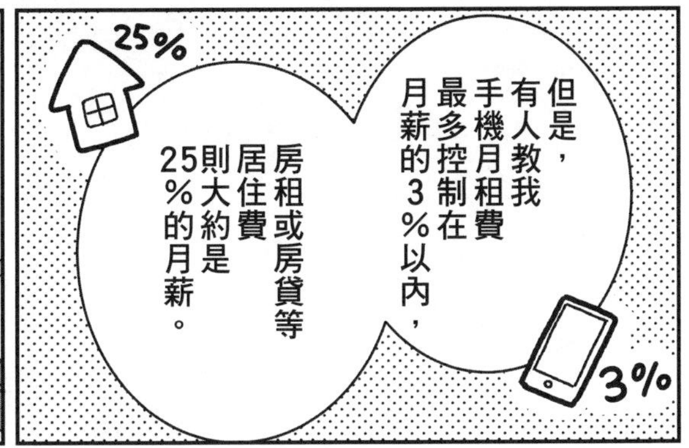
25%
但是，有人教我手機月租費最多控制在月薪的3%以內，
房租或房貸等居住費則大約是25%的月薪。
3%

有人教你…？

啊！說來慚愧，
我以前也是零存款的人呢！
被現金卡沖昏頭，得到慘痛的教訓。
哇～現金要多少有多少～
ATM
年輕時的野村

某天突然發現這樣下去不行……
所以就去學習金錢相關的知識。

真沒想到呢……
鈴鈴♪

啊！是紗矢。
奈月，妳今天去野村先生家對吧？
喂喂？
嗯，我學到很多…
咦？

野村先生說沒問題…我們等妳。

Column

為什麼需要記帳本？

從記帳本可以了解自己的用錢方式

你對記帳本有什麼看法呢？

我想很多人會認為記帳本「能掌握每個月的收支」或是「能夠一一檢視每筆花費」。

記帳的目的之一確實是可以讓你掌握收入與支出，每個月的伙食費與水電瓦斯費等「數字」。但是，這並不是最重要的目的。

我構思的記帳本最重要的功能是「發現」自己的用錢方式。

用錢的方式會透露出各式各樣的訊息。從訊息中掌握自己的用錢傾向是能更靈活用錢的第一步。

不過，並不是只要記帳就夠了。不論你多詳盡記錄每筆花費，統計每一個項目的花費，如果就此打住的話，那也不過就是每日紀錄罷了。

檢視記帳本的內容，並且經過自我分析之後，才會了解自己的用錢習慣。

比如說，在每個月的花費中發現自己有治裝費過高的傾向，或是發薪日之後的伙食費會變高，手機通話費比同齡的朋友還要高等等，記帳本會顯示出各種訊息。所以請從記帳本的內容重新檢視自己的用錢方式，了解自己的用錢習慣。

這麼一來，你應該就會看出自己把錢浪費在什麼地方了。

因為「記帳本」這個名稱的關係，可能會讓人誤以為是「主婦在記的東西」、「有家庭的人才需要」，不過這是錯誤的印象。如果你想要更有意義地使用自己的錢，那麼你一定要使用記帳本。

記帳本是管理家計的第一步

但是，覺得記帳很麻煩的人當中，也許有人會覺得「自己用錢的習慣多少也有個底，不用特別記啦！」

事實上，經濟方面的專家中也有人主張「管理家計並不需要記帳本」。這樣的確比較輕鬆。

但是，我認為不試著記帳的話，不可能正確掌握自己的用錢模式。

「我沒有亂花錢。」

「我是把錢花在伙食費上。」

「我認為我沒有多餘的錢可以存下來。」

不過這些都只是個人的感覺，沒有辦法判斷究竟正不正確。

從記帳本中檢視自己花了多少錢、花在什麼上面，確認這些數字，你才會真正看出自己用錢的習慣。也能對癥結點更有自覺。

雖然這麼說，並不是要你一生都必須記帳，所以不用太緊張。事實上，我自己現在也沒有在記帳了。

記帳本是在你覺得不知道錢都花在哪裡時，以及覺得自己存不了錢時必須使用的東西。如果你已熟知理財的技巧，並且能妥善管理自己的金錢支出，那你就能從記帳本中畢業了。

我想至今都與記帳本無緣的人，的確會對記帳感到意興闌珊。所以，首先就以輕鬆的心情想著：「只要3個月就好。」來開始記帳吧！

在下一個章節中，我會解說記帳的技巧，讓你可以盡可能以簡單的方式掌握錢的流向，所以也請繼續看下去。

Column

檢視自己「用錢的習慣」

這項支出真的必要嗎？

如同前述，如果你有記帳並且檢視其內容，便能了解自己的用錢方式，也就是用錢的習慣。然後，就能與「從書架就能了解一個人」一樣，從用錢的習慣就能大略看出一個人的性格。

舉例來說，像是「常用信用卡付款的人通常很縱容自己」、「交際費高的人是很怕寂寞的類型」等。

就算這樣沒辦法非常準確的分析一個人的性格，只要看自己大多花錢在哪一個項目上，就能知道自己在乎與重視的東西是什麼，以及對什麼感到不安。

比方說，治裝費與化妝品花費很高的人，也許就表示自己有很強的展示慾，也有可能是對自己沒有自信。就像這樣，試著思考自己花錢在某個項目上的理由非常重要。

以這為基礎，再來檢討這項支出金額是否妥當。

如果你還是認為是必要支出的話，那也沒什麼不妥。

但是，如果你只是滿足於購買的過程，並沒有充分運用購買的商品，你認為付出的價格沒有得到相對應的性能，那麼只要訂定目標金額，再減少支出即可。

固定開支也有再檢討的必要性

關於固定開支的概念也一樣。

所謂的固定開支並不單指房租或網路費等每個月固定金額的支出。像是手機通話費與加油的油錢等，因既定行事導致每個月幾乎都會產生的固定金額支出也包含在內，這也是用錢習慣之一。重新檢視自己的固定行為模式，檢討看看自己的電話費等是否過於浪費。

如果能削減每個月的固定開支，那麼省錢效果就能前進一大步，所以試著嚴格省視自己一次吧！

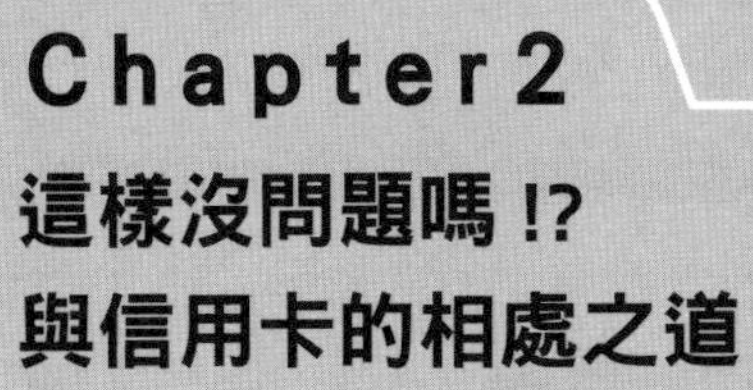

Chapter 2

這樣沒問題嗎!? 與信用卡的相處之道

咻…

……

咦…
存款不到我的5分之1……
四井銀行

因為…
紗矢，妳的薪水比我高吧？

但是存款卻只有1百萬日幣多一些…
真是不可置信…

之前說好除了匯生活費到共同帳戶之外，財產自由的嘛…
而且…也不是沒有存款啊！

唉～
我本來還想說要跟妳一起討論，下週我爸媽來的時候，被問到生小孩或是將來的計畫時要怎麼回答才好…
這樣別說是將來了，

連和妳繼續下去都有困難了。
打一一擊
……

嗯…啊…其實沒有那麼嚴重啦…
他說：「總之給我多存點錢。」
野村
然後呢？跟老公吵架了嗎…？
這樣啊…

通訊費 最多3%

（以月薪20萬日圓來算的話
就是20萬日圓×0.03＝6000日圓左右）

居住費（房租） 大約25%

（同上，20萬日圓×0.25＝5萬日圓左右）

全部支出費用的比例，這樣是最理想的。

支出明細	理想比例（單身者）	金額（以收入20萬日圓計算）	有小孩的家庭的理想比例
伙食費	15%	¥30,000	18%
居住費	25%	¥50,000	25%
水電瓦斯費	6%	¥12,000	7%
通訊費	2%	¥4,000	3%
零用金	—	—	10%
保險費	2%	¥4,000	7%
興趣、娛樂費	3%	¥6,000	3%
治裝費	3%	¥6,000	3%
交際費	3%	¥6,000	3%
日用品費	2%	¥4,000	4%
其他	9%	¥18,000	5%
儲蓄	30%	¥60,000	12%
支出總計	100%	¥200,000	100%

*以20～29歲單身女性為例

*金額須以實際月薪計算。

吸引消費者長期支付金錢的手法（例）

汽車殘值設定貸款

以新車的價格減去3～5年折舊後價格（殘值）的貸款方式，3～5年後契約到期則可選擇要繼續付款買下原車，或是補差額購新車。看似每個月只需付極低的價格便能買車，不過，如果汽車狀態不好的話消費者則會虧損。

手機月租費方案

月租費綁約有699吃到飽、網內互打免費等看似優惠的方案，但是如果綁約未滿2年就解約的話則須支付高額違約金。要注意自動續約，以及限定可解約月份。

定額分期付款

定額分期的信用卡付款方式。以信用卡消費時，並不是選擇要分幾期付款，而是以每個月定額的方式扣款。如果把每期的支付金額訂得低的話，看似只需負擔少量金額，不過加上利息後的總額卻會變高

但是，如果是高價品，
也可以用「信用卡定額分期支付」吧！

不可以用定額分期支付喔！
是、是這樣嗎？

定額分期支付每個月要支付一定的金額，乍看之下會覺得支出曲線很平穩，好像負擔較輕，
但是其實一般分期付款2期之內零利率的利息，
已經包含在裡面了。

咦，是這樣嘛!?
我都不知道還刷得很開心！

而且，只要不超過限定的額度，就會越買越多，
也會搞不清楚每個月被信用卡公司扣款的金額，到底是買了什麼…
請款
請款
請款

到最後，
變成信用卡
在支配你。
被信用卡
支配⋯
好可怕⋯

但是⋯⋯
在這個時代，
大家幾乎都會
使用信用卡啊！

ずずっ
對很多人來說，
每個月還
花在網拍的費用
已經是常態了呢！
にゃあー

還款？

刷卡其實
就是借錢喔！
是信用卡公司
先幫你
代墊金額給店家
的運作模式。

那我每個月都會被信用卡公司扣款，
也就是說我一直都在借錢囉……
完全沒有注意到…
就是這樣，
要知道這並不是正常的狀態。
所以…
我們應該盡量不要刷卡嗎？
如果可以完全掌握自己的經濟狀態的話，我覺得沒有不好。
如果把信用卡的還款費用全部扣除後，妳實際上還剩多少錢…
妳能說出大概的數字嗎？
這個…嘛…
卡債什麼時候可以還完？
以自己的經濟能力是否能不勉強全部還清？
信用卡的可怕之處就在於妳會越來越不清楚自己的經濟狀態。
最糟的情況下，包含存款在內的「現金」會一直不夠用，又再度陷入必須刷卡的循環中。

▼算在生活費中的項目（例）

居住費（房租或每個月房貸）、伙食費、水電瓦斯費、通訊費、保險費、汽車相關費用（油錢、保險、車貸）、教育費、治裝費、醫療費、交際費、生活日用品、交通費、娛樂費、嗜好品（酒、菸）、零用錢、理髮美容費、化妝品、其他雜貨

※還款金額（信用卡支付或是金融機構發行的現金卡借款）不包含在生活內支出內。
不過，住宅與汽車貸款算是固定支出，因此包含在內。
※如果是使用信用卡支付生活費的話則算在支出中。

一個月的薪水－生活費＝？日圓

我想想看…昨天和奈月她們喝下午茶…
之後去喝酒…大概花了700日圓吧…
還有計程車錢…
然後前天去超市買東西花了多少來著…

如果沒有記帳的話，很難提出正確的數字，
先寫個大概就好。
好…

老公，
嗯？

就是關於翔太的事，
可以讓他讀公立中學嗎…？
如果要考私立中學的話，小學4年級就要開始補習了吧？

嗯——
我以前也差不多從4年級開始補習的。

如果現在開始補習的話，我怕付不出補習費……
如果去補習的話，就只能放棄足球課了……
喂，你覺得呢？

你有在聽嗎？
抓抓
吼~
什麼啦！

離考試還早吧！
好好理財的話，還是可以上足球課吧？
而且翔太不是有教育基金的保險嗎？

錢的事已經交給妳管了啊！
所以妳想辦法啊！

等等……
我去下書店。

伸懶腰～～～
我算好了！

我也差不多…
那麼，把差額與信用卡卡債比比看。

確認看看扣掉生活費後，是否可以應付卡債。
如果卡債的金額在差額的30％之內就算合格，
70％以上就是亮起紅燈了。

舉例來說，
薪水－生活費＝3萬日圓
這樣的話，這個差額的30％，
也就是卡債在9000日圓內的話，暫且不用擔心，
如果高達2萬1千日圓的話，就需要檢討了。
全部存起來是最理想的喵

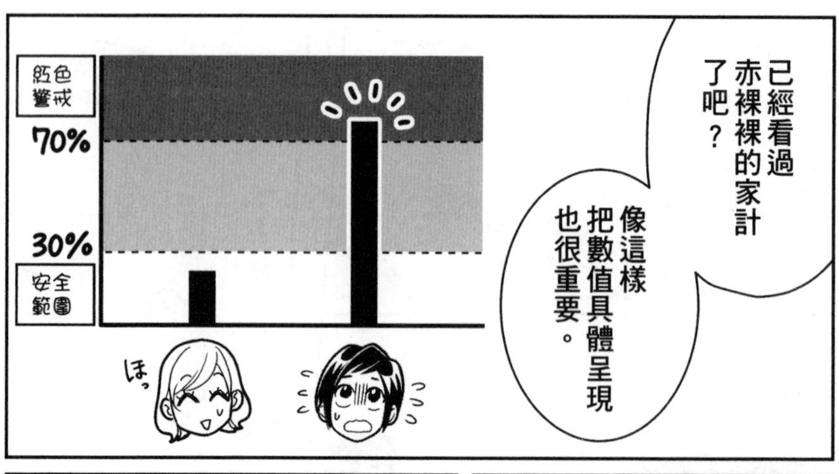
已經看過赤裸裸的家計了吧？
像這樣把數值具體呈現也很重要。
紅色警戒
70%
30%
安全範圍
ほっ

看來我需要非常節制呢…

突然太拚命會持續不下去喔！
ははは
也許妳可以想成是維持身體健康或瘦身的概念。

存錢跟瘦身一樣……？
「完全禁止吃甜食！」之類的，根本做不到吧？
？
所以「完全禁止不必要的花費！」也是不可能的。

「昨天已經吃大餐了，今天吃輕食就好。」
只要像這樣以游刃有餘的態度考量到整體的均衡就可以了。

料理教室
アローズ
野村先生真慢呢！
是請假嗎？
他一定會來的。
對不起，我遲到了～
野村先生，
等你好久了～
快點快點
啊啊，真抱歉…
我幫你拿食譜了喔！
？
今天要做和食料理！
呵呵呵～
Recipe
炊飯
當季天婦羅
建長湯

今天也總算完成了～
多虧大家幫忙～
快趁熱吃吧！
然後呢…紗矢後來怎麼樣了…
算是要讓老公看到我今後的努力吧！
這樣就安心了！

但是其實還滿困難的，就算知道要把支出分成「消／浪／投」，
嗯。
每次還是搞不清楚要歸在哪一類。
?
咦？你們在說什麼啊？
我們現在在跟野村先生拜師學藝…
老師什麼的不敢當啦！
支出要分成
消費 浪費 投資
這是野村先生教的。
簡稱 消 浪 投

什麼意思？
茫然…
啊～不過我真沒想到自己竟然那麼會亂花錢，
還好有讓我發現這點。
嗯嗯！

雖然人有浪費的時候，但是不需要有「我真是沒用」或是「要先矯正自己的個性」之類自我否定的想法，
如果覺得「刷卡可以累積紅利點數，所以我還是想用」的話也沒關係，
「跟朋友聊天是我重要的紓壓管道，所以我不想節省電話費」如果妳這麼想的話那也無所謂。
一次付清！
CARD
紓解壓力！

也就是說把浪費變成投資就可以了吧？
ずー っ
這麼說也可以，重點是不需要勉強改變自己的性格。

金錢與性格有相關嗎？
愛面子、容易寂寞、
喜歡新鮮的事物、在意周圍的目光…
每個人都有自己的弱點，

但就是因為有這些弱點，
桂木之所以是桂木，
奈月才會是奈月，

透過錢，了解我這個人…嗎？
只要接受自己的短處，讓優點能截長補短就可以了！

也就是說可以少買幾件衣服少喝點茶，來解決電話費過高的問題，諸如此類？
沒錯。
如果還是想繼續使用信用卡，那就設定一個基準，「一個月最多刷3萬日圓」之類的

思考儲蓄這件事…
也能使生活方式的軸心更加牢固呢！

是啊！
養成儲蓄體質也是一種自我探索呢！
現在…
是在說增加存款的話題吧…？
碰
!

我也想知道更多！
香菜子……
怎麼了？
野村先生……拜託你。
看來香菜子遇到某些困難了呢！
大家在這也是一種緣分，如果我可以幫得上忙的話，
雖然說要增加存款，
但還是要一步一步來。
那麼下次就從複習「消／浪／投」開始吧！
好！

Column

如何不被信用卡支配

信用卡會加速浪費

在這個時代，幾乎每個人都有信用卡。

不僅在網路上購物很方便，可以累積紅利點數好像也很划算。出國旅行時就算遭小偷也能把損失減到最小，因此帶卡比帶現金更好，如果是一個人旅行的話，入住旅館也須出示信用卡證明身分。

但是如果信用卡的用法錯誤，不僅無法存錢，還可能會有財務赤字的風險。實際上，有家計管理困擾而來尋求協助的人中，有不少想要使用信用卡卻反被信用卡支配、搞得暈頭轉向的例子。

所以，我們還是要先充分了解使用信用卡的壞處有哪些。

信用卡的缺點① 看不清自己的經濟狀況

用信用卡購物之後，到真正付款時有一個月以上的時間差。如果還有使用紅利付款的話，那麼銀行真正扣款可能已經是幾個月後的事了。另外，如果用定額分期付款等分期付款的方式，不用說一定會有利息，而且會花上比原本價格還要高的錢。

這麼一來，自己到底花了多少錢？必須要在什麼時候還完多少借款？什麼時候可以還得完卡債？這些問題自然會變得難以掌握。因此，購物的金額會威脅到生活費，每個月財務赤字的風險也會變高。

信用卡的缺點② 消費時的判斷基準會過於理想

當你想找一個預算3萬日圓的包包，這時卻看中一個要價5萬的包。

如果你手上只有現金的話，我想大部分的人就會因為超出預算而再看別的包包。就算真的很喜歡，也會「再想一下」，放棄立刻購買這個選項，並重新考慮。

不過，如果你用信用卡購物的話，會發生什麼事呢？

我想不少人會覺得：「雖然超過預算，不過在銀行請款前應該能籌到錢吧！」、「還要找其他的包好麻煩！」、「反正可以累積點數。」等等幫自己找理由，最後還是買下來了。

因為就算手頭上沒有現金還是可以購物，因此不會深入思考自己的經濟狀況與商品的必要性，不小心買下的商品便會越來越多。

追根究柢，信用卡原本就是企業要了讓消費者掏出更多更多的錢而設計的。信用卡並不是為了嘉惠消費者而存在，這個概念你要先記住。

盡量不要用信用卡

但是，用信用卡支付手機通話費、保險費等每個月都相同的固定支出，那就不算浪費，水電瓦斯費也可以使用信用卡自動扣款。信用卡繳款還能累積點數，這種情況就比現金支付還划算。

再者，也有些人可以迴避上述風險，聰明使用信用卡。因此只要能深知自己的經濟狀況，並且能有效控制財務狀況的話，就不會有任何問題。

不過以現實上來說，這樣的人幾乎是鳳毛麟角。

如果沒有能做好自我管理的自信，那麼盡量不要用信用卡，才能更容易踏實地儲蓄。

另一方面，也有質疑疑問「不用信用卡的話，要買大型家電或奢侈品時該怎麼辦？」

那麼應該要盡量養成「存夠錢再購買」的習慣。這麼一來就不會亂花錢，也比較會珍惜購買的產品。

曾經有人跟我說他迷上玩自行車，因此正猶豫自己到底該不該刷10萬日圓買一輛公路車。我建議他：「你先每個月存1萬日圓，存到10萬日圓再買。」

用信用卡購物很方便，立刻就能擁有想要的東西，但是過於便利也會容易使你不用心對待物品。

相反地，如果是千辛萬苦才得手的物品，你會對它更有感情，也會比較珍惜。珍惜使用可以延長物品的使用年限，就算價格高昂，也能發揮它的價值。

另外，在存錢的期間，你可以捫心自問「我真的需要這個東西嗎？」給自己一段「確認的時間」。

「果然還是買便宜的自行車就好。」、「我找到比自行車更吸引我的興趣了。」最後也有放棄購買的選項。

你也可以選擇改用金融卡

金融卡與「J-Debit」（類似信用卡）不同，是與VISA或JCB結合的卡。

雖然我這樣說，其實我也是身上有信用卡就會不自覺刷卡的類型。所以我決定不要辦信用卡。

於是我改用金融卡取代信用卡。

也就是說，金融卡就像是可以即時扣款的信用卡。刷卡時會直接從帳戶扣款。

你只能刷帳戶裡有的金額，而且不能分期付款。

因此金融卡比信用卡更容易管理財務支出。

金融卡同樣可用於網路購物，而且VISA金融卡還可以在許多國外飯店與店鋪使用，非常方便。

信用卡在手就很容易刷卡購物的人，不妨心一橫放棄信用卡，改用金融卡也是一個有助於理財儲蓄的好方法。

Chapter3

這算是浪費還是投資？
探討「消／浪／投」的比例

放入
放入
消費
消費
投
浪
消

這個……
算浪費吧……
這個是投資。

我回來了。

我還買了茶。
寫
茶

……消費
喂
香菜子？

啊！老公，
你回來啦！
那是什麼？

這個是「消」「浪」「投」。
把支出分成消費、浪費與投資，聽說這樣可以看出支出的平衡分配。
投
浪
消

妳又～看電視現學現賣了嗎？
才不是呢！是料理教室的伯伯教的！

嗯？

水果
咦？買水果是投資？
投
嗯。
翔太說他可能會被選入正式選手。
必須補充營養才行

噗…
什麼啊！
說投資我還以為是資產投資之類的，
至少也該是讀書之類的吧！
哈哈哈
真隨便

我在用我的方法調整家計。
不要笑我。
好啦好啦！
不要調整到我的零用錢就好～

數天前──
野村
原來在家裡竟然可以做出那麼豪華的料理。
只要材料用量正確，接下來細心烹煮就可以了。
慢慢來就不會有問題喔
因為這次做的料理不需要有難度的技巧。
但是真的可以嗎？這麼豪華的料理…
而且連基本做法都教我。
我們才是呢！你教我們那麼多知識，但是只能這樣回禮…
至少讓我出材料費吧！
不…

這算是「投資」
所以沒關係！
嗯嗯
比起這個真是不好意思，
難得的週末，我們卻好像把夫人趕出去似的。
不用擔心啦！
哈哈哈
她說：「不用煮飯真是太好了！」
開開心心地出去玩了呢！
那麼，就從複習「消浪投」開始吧！
大家平常不會去打小鋼珠或是賭博吧！
不會。
明顯是亂花錢的就先不討論，
但是只要活著就無法避免某種程度上的支出。

對啊！對啊！
明明每個月都有生活費，但是不知不覺就花完了。
沒錯
就是啊
重點是要盡量把支出
想成是「活生生的錢」。
也就是，想成是對自己「有意義」的支出。
這樣的話，就會開始留意生活中「無意義的支出」。
可是我有很認真在記帳啊……
光是把支出明細寫得很詳盡，是沒有辦法看出「支出的意義」喔！

把支出分成消費／浪費／投資三類！

消費

生活中的必要開支。像是購買日用品、付使用費等，無關乎生產性與成長要素的支出。

例：伙食費、居住費、水電瓦斯費、教育費、治裝費、交通費等

浪費

生活中不需要的東西。為了當下慾望的無意義支出。也就是無用的花費。生產性低。

例：嗜好品（菸、酒、咖啡），基本需求以上的購物（衣服或是外食等）、賭博、無意識中增加的利息等

投資

也許在目前生活中並不是不可或缺，但是會與自己或家人的成長、生產性有關的有效支出。
除了投資信託或資產運用之外，學習、讀書等，能提升自己未來價值的支出也算在內。

例：學習、報紙書籍費、投資信託、儲蓄等

把生活費的項目（第70頁）分成消／浪／投（例）

消費

居住費、伙食費、水電瓦斯費、電話費、汽車相關費用、治裝費、醫療費、生活用品費、交通費、其他雜費

浪費

娛樂費、交際費、嗜好品費、零用錢、理髮美容費／化妝品

投資

保險費、教育費、存款

就是說……
如果是跟同事邊喝酒邊發牢騷的聚會，沒有意義，就分在「浪費」。
可是如果是可以跟上司或前輩請教一些建議的聚會，就可以當做是「投資」吧？
啊啊……所以，是自己決定嗎!?
真不容易呢……
就是要這樣才好。
話說最近我先生說想要買一台平板電腦，
Tablet
這樣算是什麼呢？
妳先生是為什麼想買平板呢？
他說可以在通勤的時候看電影之類的……
但是我想他其實只是想用來打電動吧！

我認為根據使用方法
會決定是浪費
還是投資。
如果是利用平板
使工作效率提升，
可以早點下班的話，
就是「投資」。
投資
浪費
如果只是
拿來打電動的話
就是「浪費」。
看電影呢？
嗯——
這應該取決於
時間的意義吧！
時間的意義？
如果妳先生
喜歡看電影，
可是工作忙碌
沒時間看，
而累積
許多壓力的話，
說不定還能
學英文呢！
野村先生
你說呢？
與生產性
相關
就是「投資」
吧？
奈月跟紗矢
都很優秀，
讓我教得
很有成就感呢！
真是欣慰！

但是如果因為平板反而讓工作進度落後的話，
那很明顯就成了浪費。
不論如何，都要留意不要讓支出成為浪費嗎…
更進一步來說，要隨時警惕自己：「這項支出會是投資嗎？」
「我應該再想一下。」
要不要讓平板有通訊功能也是取決於思考方式吧？
最近啊，
有些人會同時使用智慧型手機跟平板等通訊機器呢！
通訊費呢？
啊哈哈就是我…

如果是分別作為工作用或個人用的話就是消費與投資，可以說是有意義的開支。
嗯⋯
但是我都沒有用在工作上，
原本打算用平板上網，用手機講電話的，
可是最近也會拿平板講電話，功能界線越來越模糊了。
這樣的話，是不是平板的費用＝「消費」電話的費用＝「浪費」呢⋯
又出現一個可以重新檢討的地方了呢！
雖然規則很簡單，但還是需要自己思考支出該如何分類。
嗯。
不管是外食、化妝品還是油錢⋯
每項支出都有可能成為消費浪費或投資。

就算是一樣的開支，對每個人的意義卻不一樣⋯
正因如此，「花錢購買」的行為便是一種能省思自我價值觀的練習。
剛才的分類只不過是大略的參考，
思考消／浪／投時，必須自己分類每一項支出。
嗯。
紅包錢應該有著落了♪
那就好。
妳朋友的婚禮是下下禮拜嗎？
CHOCOLATE
しめじの丘
新発売
啊！是新發售的零食⋯

剛開始先從小額購物練習比較好喔！
好
CHOCOLATE
しめじの丘
新発売！
投資……
……不會是投資呢！
サッ
果然還是不要買。
小額購物……像是什麼呢？
零食之類的如何？
一般來說沒有也不會怎樣，所以是……浪費……吧？
我是不常吃啦
我工作的時候常常會餓，果然是浪費……

這樣的話是消費喔！
如果是單價過高或是買太多吃不完丟掉的話就是浪費，
有時候只是順手就買了……
「零食」也可以是投資喔！
!?

啊！
如果當做獎勵的話就可以吧？
是的，像是小孩努力之後，
你做得很好
這是給你的獎勵喔
耶！
或是一起吃零食可以增進家人間的感情的話，我認為也算是投資。
結果，如何讓支出有意義，還是取決於自己呢！
沒錯，如果要用錢，就要讓錢活起來，就是這麼一回事。
奈月～也買這個♪
堆積
如山
越多越好啊！
咦？
那麼多!?
POTECHI
Parallel Corn
Tockey

……
阿俊，
想要的話就自己買。
咦……

喀答
喀答
投資
浪費
消費
減少浪費，增加投資嗎…

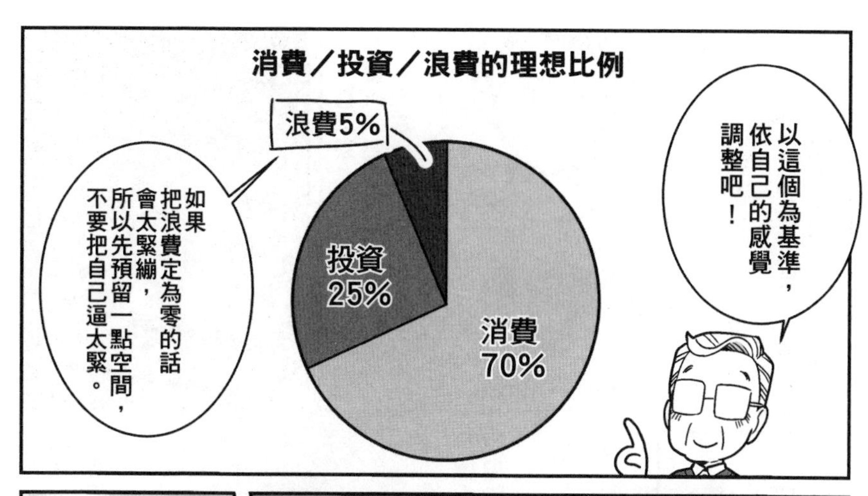
消費／投資／浪費的理想比例
以這個為基準，依自己的感覺調整吧！
浪費5%
如果把浪費定為零的話會太緊繃，所以先預留一點空間，不要把自己逼太緊。
投資25%
消費70%

我是不是對阿俊太嚴格了…
但是最終目標還是要減少浪費…
消
浪
投
消
浪
投
消
浪
投
如果一直順著他，我就永遠無法改變…

一直以來都以「為了成為好女人」當藉口購物，
說不定我從未認真想過真正的「自我投資」。
挪4分之1收入用於自我成長嗎……
要用在哪呢？
目標……想做的事……
我在往後的人生中看重的事物……
……
嗯…應該是……
左顧
右盼
在這附近吧～
你要帶我們去的地方是哪啊…
啊！

到了。
立川…
6F
立川家計再生
諮商
Tatekawa Financial Consulting
5F
家計再生……？
我能教的基本上都教給妳們了…
我想之後就交給專家吧！
咦!?
可是我沒有多餘的錢…
沒事的。
砰！
關於理財知識，每個月只要幾千日圓就有專人為你解說。
立川家計再生
諮商
Tatekawa Financial Consulting

我也在這裡獲益良多。
我已經先把妳們的情況跟他們說了。
開門

各位小姐，
我們已恭候多時了。
初次見面，桂木紗矢小姐。
土屋香菜子小姐。請全部交給我吧！
哎呀♥
妳是潮見奈月小姐吧！

歡迎來到
「立川式90天儲蓄計畫」！

請、請問這是……？
叩…

Column

留意支出的「消／浪／投」可以改變用錢習慣

消費／浪費／投資的定義

我已經介紹過使用記帳本輕鬆管理家計的方法之一，把支出分類成「消費」、「浪費」、「投資」的方法了。現在我們就先來複習消費／浪費／投資的定義吧！

◆消費／生活中的必要支出。像是日用品費、水電瓦斯費與居住費等。

◆浪費／也就是無意義的花費。不是因為「需要」而是「想要」所購入的花費等，只是用於一時享樂的支出。像是菸、酒等嗜好品也算在這裡。

◆投資／雖然不是目前生活中不可或缺的東西，但是對未來的自己有幫助，可提升生產性的項目。儲蓄也是其中之一。

很多人用記帳本記帳時很容易只把目光放在金額上，但是我在第一章的專欄

（參照54頁）也有提到，記帳原本的目的是要讓你掌握自己的用錢習慣。把支出分類為消費／浪費／投資就可以清楚看出自己是如何用錢的，之後就能夠有意識地用錢了。

具體的作法，就是把發票分成消費／浪費／投資，只要定期統計各項金額就可以了。另外，在記帳時可以順便在金額的旁邊標記「消」、「浪」、「投」，之後再計算即可。

發現用錢方式的「自我軸」

說來容易，但是在上手之前其實很容易搞不清楚哪一項是消費？哪一項是浪費？怎樣才算是投資？

就算購買同樣的東西，是消費、浪費，抑或是投資，其實因人而異。所以要檢視每一筆支出，並且認真思考判斷「我真的有做到對自己有意義的用錢方式嗎？」才可以。

最重要的判斷基準會是「自己怎麼想」，所以也會有一些人的判斷方式是過於縱容自己的。實際上在我查看記帳本時，常會想：「這不算消費，是浪費吧？」、「這算投資嗎？只是消費吧？」

舉例來說，有些人會覺得把支出分類為浪費，有種心虛的感覺，所以不自覺就歸類到消費或投資上；沒想太多就把聚餐、化妝品與美容院的花費都分類在投資的也大有人在。

但是像這樣過於縱容自己的判斷方式無助於改善自己用錢的方法，因此也永遠存不了錢。

要我直接指出「這項支出不是消費是浪費吧！」也很容易。可是這樣你並不會打從心底接受我的說法吧！自己的判斷基準不自己探索就沒有意義了。

總之，最重要的就是持續檢討、思考，並分類自己的用錢方式。持續這麼做之後，漸漸地，你應該就可以正確判斷「零食不是消費，是浪費」、「雖然我以前都把化妝品的費用分在投資類，可是這樣花太多錢了，果然還是浪費吧」等等。

接著只要持之以恆，當你想要買某個東西時，你會捫心自問「這個應該是浪費吧？」、「我真的有需要嗎？」並且能夠正確聰明地購物。用錢的方式會形成一個人的「自我軸」。只要遵循著軸心用錢的話，自然就會越來越接近理想中「消費70%．浪費5%．投資25%」的比例了。

Column

重新檢視金錢，等於重新檢視生活方式

思考「投資」，就會慢慢發現自己想成為的樣子

利用消費／浪費／投資3個分類檢視用錢方式，也能開啟一個重新檢視自己生活方式的契機。

特別是「投資」這個分類，自然會讓人重新思考人生，像是「在往後的人生中對我來說什麼才是重要的」、「未來想成為怎樣的自己」等等。

就像在漫畫中，紗矢也變得會去思考「挪4分之1收入用於自我成長嗎……要用在哪呢？目標、想做的事……我在往後的人生中看重的事物……」。

我想大部分的人以前從沒想過關於「投資」的用錢方法。實際上，真的有在「投資」的人也很少吧！

但是，要使「消／浪／投」更接近理想比例的話，就必須增加投資的支出。要

開始去思考要如何用錢才能減少浪費與消費，並增加投資。這樣便能看清什麼才是自己想珍視的、什麼是自己想做，切身體會到「使用活生生的錢的方法」。

不過要是每天生活忙碌，就會沒有可以自省的時間。但是如果一天記帳一次的話，這段時間就能成為每天可以思考生活與往後人生的時刻。

然後，原本每天過著庸庸碌碌生活的人，以及覺得「人生不過就是這樣」已經放棄夢想的人，都可以找到新的目標。

我看過很多這樣的人。

取得證照後從事理想的工作的人。轉職後薪水增加的人。還有人為了與朋友或男女朋友交際而浪費很多錢，之後卻變得能夠為自己花錢。就算只是這種程度，也是非常大的進步。

錢是一面反映你生活方式的鏡子。如果可以妥善理財的話，也一定能管理好自己的人生。

Chapter 4

目標是養成能儲蓄的體質！挑戰 90 天改正計畫

歡迎來到「立川式90天儲蓄計畫」！

我是理財顧問淳。

我是巧。

請叫我佑司。

那我就先走了…
剩下就交給年輕人了…
咦!?
野村先生!?

各位小姐，不用擔心。

我是所長
立川。
詳細情形
我已經從野村先生
那裡聽說了。
妳們想養成
儲蓄體質吧？
那麼就一起開始
進行練習計劃吧！
目瞪口呆…
啊……
他們是
我們這裡的
理財顧問，
隨時都能
提供意見與鼓勵，
請多指教。

在個別討論前，我先說明一下概要。
我先說結論，
只要參加3個月的儲蓄計劃就可以
養成儲蓄的體質……
但儲蓄是長久的事吧？

您說的沒錯，
但人類是很軟弱的生物。
如果不定下一個明確的期限，人就會漸漸看不到原本的目標，
最後便會忘記儲蓄的習慣。

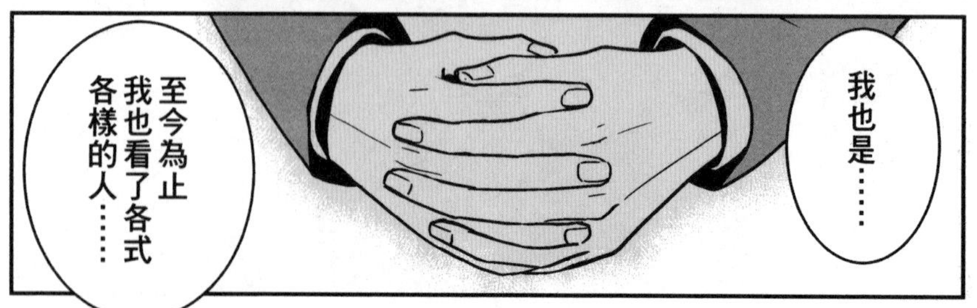
我也是……
至今為止我也看了各式各樣的人……

3個月內會注意到的改變

第1個月（HOPE）

訂下預算，
找出自己的問題所在，
開始養成好習慣。

第2個月（STEP）

開始實踐步驟，
同時反省與改善缺點。
嘗試各種方式，
讓自己可以持之以恆。

第3個月（JUMP！）

檢視成果，
拿出自信。
「我可以做得更好！」
更能提升鬥志。

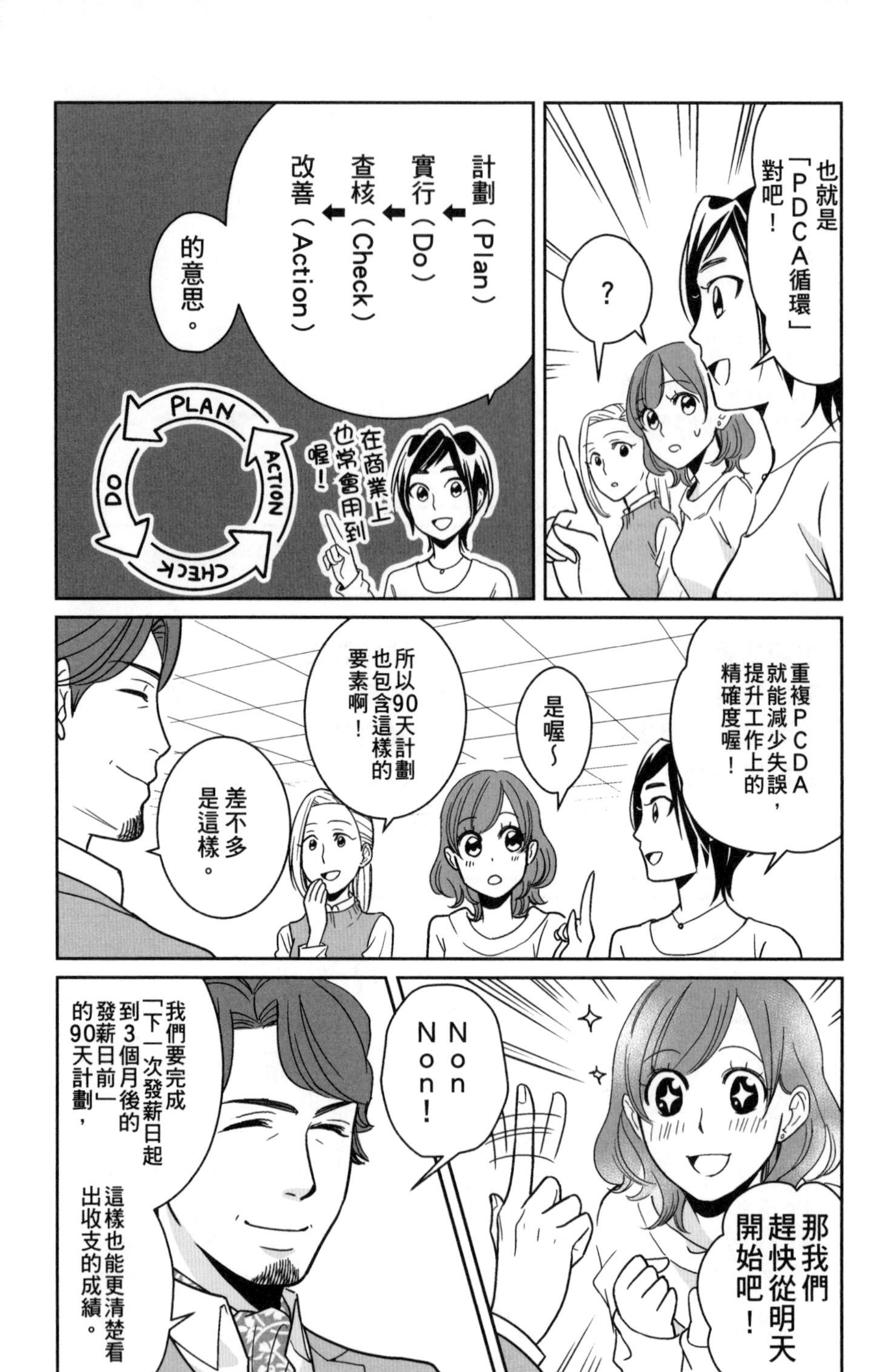
也就是「PDCA循環」對吧！
？
計劃（Plan）➡實行（Do）➡查核（Check）➡改善（Action）的意思。
在商業上也常會用到喔！
PLAN
ACTION
CHECK
DO
重複PCDA就能減少失誤，提升工作上的精確度喔！
是喔～
所以90天計劃也包含這樣的要素啊！
差不多是這樣。
那我們趕快從明天開始吧！
Non Non！
我們要完成「下一次發薪日起到3個月後的發薪日前」的90天計劃，
這樣也能更清楚看出收支的成績。

這樣的話還有幾天？……
發薪日是25號……
嗯。我也是
我家也是……

現在是準備期間，
所以今天才會請妳們來。

那麼，概要就到此為止。
接下來是個別討論時間。
ぱちん
スッ

奈月小姐這邊請。
紗矢小姐這邊！
香菜子小姐，我們是這間。

來 請坐
接下來的3個月，我會陪著妳的。
微笑
一起加油吧！

好、
好的。

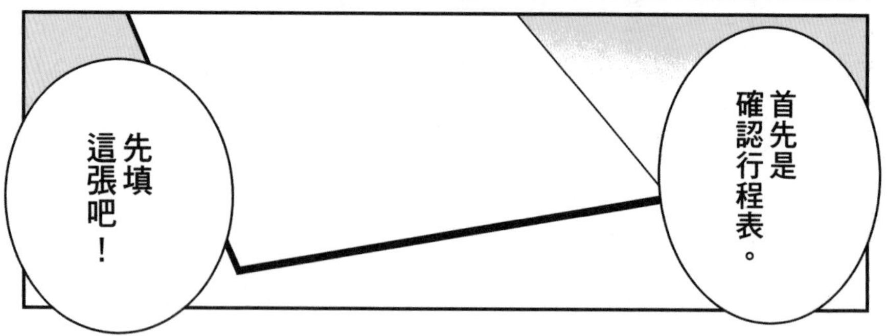
首先是確認行程表。
先填這張吧！

今天是幾日？（____日）

START **下次發薪日（____日）※實際支薪日期**

第1次結束日
第1個月的發薪日前一日_____月_____日（經過30天）

第2次結束日
第2個月的發薪日前一日_____月_____日（經過60天）

GOAL
第3次結束日
第3個月的發薪日前一日_____月_____日（經過90天）

START!

第1個月（HOPE）

①設定預算、家計試算

②找出自己的缺點

③設定存款金額、存錢筒

④學習有關借錢的能力

⑤玩樂（每個月1天）

⑥閱讀

⑦找出浪費的支出

⑧忍耐不買想要的東西

※成果發表會

1之上旬（1～10日）
1之中旬（11～20日）
1之下旬（21～30日）

①□設定預算、家計試算
②□找出自己理財方面的缺點
③□設定存款金額、存錢筒
④□學習有關借錢的能力
⑤□一整天做自己喜歡的事、興趣
⑥□閱讀
⑦□從固定開支中找出浪費的部分
（手機通話費、保險費、伙食費…）
⑧□試著忍耐不去買想要或必要的東西
○□
○□ ※自行思考行動目標
○□
○□

※□一個月後的成果發表&關於下個月的想法

（STEP）

2之上旬（1～10日）
2之中旬（11～20日）
2之下旬（21～30日）

①□預算分袋裝
（回顧第1個月的成果挑戰。
先做好存錢袋，把錢分好後裝入）
②□開始記帳
③□製作代辦事項表（筆記）
④□做自己喜歡的事、興趣2天
⑤□思考誰適合當自己的同伴或協助者
⑥□了解增加財富的方法、賺錢的方法（學習理財）
⑦□打掃家裡（廁所、冰箱、玄關…）
⑧□試著忍耐不去買想要或必要的東西
⑨□去一趟銀行，聽他們的說法
○□
○□
○□ ※自行思考行動目標
○□

※□2個月後的成果發表&關於下個月的反省與目標

GOAL!

第3個月（JUMP）

①預算分袋

②尋找可以給予指導、建言的人

③與他人比較用錢的方式

④賣掉、丟掉不用的東西

⑤玩樂（每個月3天）

⑥用自己的專長取悅某人

⑦購買想要的東西（使用錢）

⑧到銀行存錢

※成果發表會

3之上旬（1～10日）

3之中旬（11～20日）

3之下旬（21～30日）

①□預算分袋裝

②□尋找可以給予指導、建言的人

③□與他人比較用錢的方式

④□賣掉、丟掉不用的東西

⑤□做自己喜歡的事、興趣3天

⑥□用自己的專長取悅、幫助、教導某人

⑦□購買想要的東西

⑧□到銀行存錢

○□

○□

○□

○□

※自行思考行動目標

※□3個月後的成果發表&總回顧

第2個月

①預算分袋、製作存錢袋

②開始記帳

③製作代辦事項表

④玩樂（每個月2天）

⑤增加同伴或是協助者

⑥學習增加財富的方法

⑦打掃家裡

⑧確認沒必要的支出

⑨跟銀行打交道

※成果發表會

……
吞口水…

左欄是最起碼要完成的目標。
右欄是書寫範例，可以參考右欄，寫下自己的目標。
把一個月的每10天分成上旬、中旬、下旬，做出自己的 To Do List。

等、等一下，
你突然這樣說，我也不知道有沒有辦法做到…
紗矢小姐，妳不用擔心，
在準備期間妳只要做好4件事就可以了。
4件事？

……
……
……我了解了，
我會試試看。
下次就要發表成果喔！
Au revoir!
如果有什麼問題隨時都可以跟我們聯絡。
總覺得……是有點奇妙的事務所呢……
但是如果可以做到這些，好像就能有所改變呢！
努力3個月看看吧！
嗯！

在計畫開始前要準備的4件事——

①使目標、願望更明確

把目標分成4個方向思考

A 目標存款金額

B 想改善的生活習慣

C 想嘗試、挑戰的新事物

D 改變浪費／消費／投資的比例

②準備夢想筆記與記帳本
好！

那是記帳本嗎？
嚇

對、對啊，我決定從下次發薪後開始記帳。

是喔！手寫嗎…
不是有很多方便的APP嗎…
妳應該很會那些吧

手寫好像比較容易持續下去，
因為我想認真試試看，
如果把記帳本的項目分太細，會感到很繁瑣，
只要想成是可以記錄金錢大致的流向就好。
記帳本
NOTE

那另一本筆記是什麼？
什、什麼都沒有啦！
唰

③準備存錢筒與儲蓄帳戶

④寫出掛心的事

把現在
感到不安的事情
寫下來確認。
雖然他這樣
說…
我認為
什麼都可以
寫喔！

關於工作、
整理，
或是家庭。
人際關係
…
撲通

我想整理一下
儲藏室
還有櫥櫃吧！
就是這樣，
「想出去玩」
之類的，
可以隨興地寫。

原來這樣
也可以啊！
那麼
我也，

我…

把不安的事寫出來
會感到比較輕鬆，
還能激發出
積極的態度與
行動力——
掛心的事
好像與男友的金錢觀念
不合？
應該是這個吧…

幾天後…

嗶嗶——
嗶嗶——
銀行ATM
銀行ATM
好！
要開始了!!
可咚♪
存錢加油！(3)
大家也是
今天開始吧
一起加油——

實踐儲蓄計劃需要實際進行以下7個活動

④每天在夢想筆記中寫一點日記
可以寫下實踐90天儲蓄計劃時的感想。
寫寫！
像是「今天忍住了不買手搖飲料」「工作目標好像也更明確了」等等，寫什麼都可以。

⑤生活中只用現金付款
先暫時完全不要用信用卡，奉行現金主義，掌握純粹的收支平衡。
戒掉信用卡就能減少無謂的支出，用實際現金支付會有感到浪費的效果——
CREDIT
0123 4567 8901 2345
01/'20
CREDIT CARD
0123 4567 8901 2345
01/'20
SAYA KATSURAGI

⑥寫下貸款與負債金額
完全弄清楚包含信用卡與貸款在內的借款。
・債主
・債務未償餘額
・利率（%）
・從何時開始借貸？
・每月的還款金額與還款日
・確認債務清償預定日期

⑦持續遵守自己訂的小規則
今天午餐也是自製便當♪
・忍著不買想要的東西
・做簡單的健身運動
・打掃一個平常不會掃的地方
・試著把手機關機一整天
・想要稍微奢侈一下的時候也要先訂好預算
等等…
重複實行自己定的規則後，便會增加自信，然後會變得對自己更有信心。
今天要來整理冰箱。
原本曖昧不明的「願望」，會慢慢朝向理想的人生目標邁進——
16 17 18 23 24 25 30
不只是對金錢一事越來越高，也會提升挑戰新事物的慾望——
之後，過了3個月——

Column

手寫記帳比APP好？

為什麼我會建議手寫記帳本

我想平常有在記帳的人，大多不是手寫，而是用手機APP記帳吧！確實，現在記帳本的APP都做得很好。有很多APP只要用手機相機拍下發票，就能記錄金額，還能同步連線銀行帳戶餘額與信用卡刷卡紀錄，自動記錄在手機上，只要花最少的步驟就能記錄收支明細。

應該有很多人認為「用APP很方便，感覺可以持續下去。」、「不用辛苦手寫記帳本也可以吧……！」

但是我認為剛開始還是手寫記帳本比較好。我是基於以下3個理由這麼想的：

①手寫的時間等於讓你有可以回顧的時間

記帳本ＡＰＰ會把數字檔案化，所以可以把各個項目製成圖表，還能輕鬆查看去年的數據，其實是很方便的工具。但是，我覺得因為可以很輕鬆記錄，所以記帳過後便感到滿足，很少會去回頭看自己的用錢習慣。

比起記錄數字，記帳本更重要的功能是讓你之後可以檢視與分析。

在這點上，手寫的記帳本可以讓你每天記錄的時候想「今天好像有點浪費。」、「這筆支出到底算是浪費還是消費？」給予你重新檢討用錢的狀況，翻閱記帳本還能更實際感受到「消費有慢慢減少的趨勢」等變化。

你不認為手寫行事曆，比手機上的行事曆ＡＰＰ更常拿出來查看嗎？這也是相同的道理。

雖然我已經提過多次，但我還是要再重申一次，記帳最大的目的在於「掌握自己的用錢習慣」。所以，當然是能夠自然而然每天查閱支出內容與傾向的手寫記帳本最為有效。

能夠掌握自己的用錢習慣，並且可以修正軌道的話，這種情況下不手寫記帳也沒有問題。之後，也可以使用記帳本APP記帳。

②容易調整

手寫記帳本可以隨意調整為自己用起來順手的方式。在一般B5大小的筆記本填上對自己來說重要的項目，就完成自己專屬的記帳本了。還可以與記錄自己目標的「夢想筆記」結合成同一本筆記。

另外，如果是用一般市售記帳本的話，可以在空白的欄位寫下自己的感想與今後可以改善的地方，或是特別強調存款的餘額來提升動力等，可以以自己的方式加工。

正因為是手寫，所以才可以做出一本不但能更容易了解自己用錢習慣，還可以更有意義用錢的記帳本。

③藉由「書寫」加深印象

某項研究結果顯示，上課時用手抄筆記的學生，比用電腦做筆記的學生，成績還要更好。

所以會透過不斷手寫來背英文單字與國字的人，應該十分能體會「手寫」這個行為與增強記憶力有關。

我認為手寫記帳本可以更容易把內容輸入進腦海中。所以「這個月的浪費支出好像有加快的傾向」、「最近都沒有投資」等等，會更加注意到家計的狀況。

Column

改變生活，改變理財觀念

生活紊亂的人，用錢習慣也很亂

在橫山式「90天儲蓄計劃」中需要實行的7個活動中，有一個項目是「持續遵守自己訂的小規則」。

●做簡單的健身運動
●打掃一個平常不會掃的地方
●試著把手機關機一整天

像是這些與理財或省錢沒有直接關係的事。

應該很多人想不透為什麼這些活動會與存錢有關吧！

可是，生活與錢是不可分割的。如果連每天的生活都無法管理好的人，那用錢的習慣也很容易變得鬆散。

生活紊亂也容易連帶影響理財規劃。

舉例來說，如果你的房間充滿雜物，都沒有整理的話會怎樣呢？在需要的時候會找不到東西，常常買下家裡已經有的東西，或是有很多買了卻從沒穿過的衣服等等。

物品就是不同形狀的金錢，所以「有很多不必要的東西＝有很多不必要的花費」，當然會存不了錢。

「持續遵守自己訂的小規則」就是要自我控管生活的意思。

就算是簡單的小事也可以，先從做得到的事情開始吧！

比方說，平常運動不足的人，可以開始養成每天早上健走15分鐘的習慣。從此就會產生出規律的生活循環。開始每天規律吃三餐、飲食均衡、開始不要熬夜、開始戒酒或菸……。讓一個小習慣成為生活的軸心，我想這樣每天的生活就會變得規律。

這樣，對錢的觀念也會開始改變，自然而然就能變得比較節省，用錢也會變得更慎重。

Chapter5
長期養成「儲蓄習慣」，可以改變人生

我回來了——

對不起，今天比較晚下班。
歡迎回來，工作很忙嗎？
嗯，剛好進入有點忙碌的時期。

妳在外面已經吃過了嗎？
還沒，貴史也還沒吃吧？
我現在就來做飯…
啊，紗矢…

我想偶爾下廚一次也不錯。
畢竟妳最近很辛苦
咦!?
這是貴史做的嗎!?
謝謝……

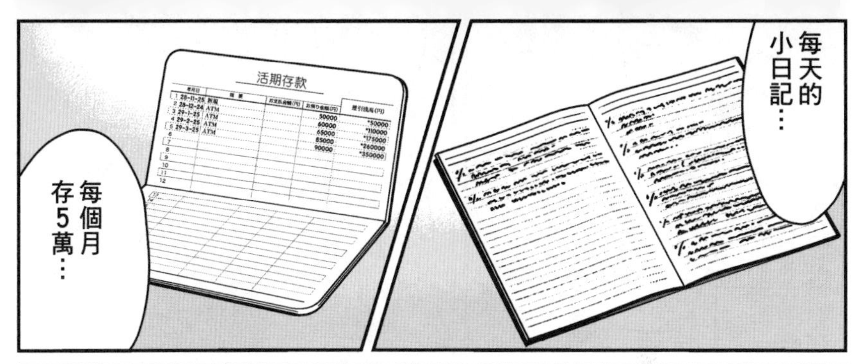
每天的小日記…
活期存款
每個月存5萬…

到了第2週，好像已經進入狀況了。

紗矢
コトン

我說最近要不要來個久違的溫泉旅行？
今天好多驚喜…
怎麼會突然說這個？

我看到雜誌在介紹「無邊際溫泉」，
好像是可以感受溫泉與海景融為一體的樣子。
絶景温泉
50選

無邊際……就是無限的意思啊！
嗯，好像是可以欣賞無限遼闊的景色。

看著最近的紗矢，怎麼說呢……
我們的未來好像還充滿著無限的可能性。

要不要在那裡討論將來的事呢？
……

……嗯，
熱淚盈眶……
謝謝你。

而且啊！北海道好像還有一個好玩的地方——
等一下！

不用跑那麼遠也有不錯的景點吧？
えっ
パラパラ

我也想一起出錢…
…下下個月再來討論好嗎？

因為我好像可以存到比原本預期還多的存款。
我知道了，那就這樣吧！

県立総合病院

休息區
真是嚇了我一大跳。
突然說哥倒下了…

手術
沒問題吧⋯
ちゅー
好像不是
非常困難的
手術，
還好有
盡早發現。
是喔⋯
真擔心⋯

不過
我是不是
也應該認真
想一下了，
醫療保險，
如果我生病
或受傷住院的話，
就會突然沒了
金錢支柱吧？
咦—
爸爸也要
住院嗎？
只是
假設啦！

我們現在的保險，
好像有
可以增加住院給付
的方案吧？
人家說
有備無患。
好像是⋯

雖然說
有備無患⋯⋯
但是
我覺得
現在的保險
就夠用了。

*日本的情況，如果醫療費用過高，就能申請退還一定程度自付額的制度。制度是依年齡與收入訂定自費的上限。

雖然我們現在的存款的確還不太夠，
不過如果只是半年左右的話，就算你明天突然不能工作的話也沒問題，放心吧！
這、這樣啊！
人很容易因為「擔心」就去保險，
但是因為不清楚，基於不安就加保的話，其實有點浪費。
很多人買保險時，沒有考量到公家單位的制度，因此就會多花沒必要的保費。
最好先搞懂錢的「平衡」再開始保險，會比較好喔！
啊……
…其實是別人教我的啦！
媽媽好厲害。
是嗎？妳好像變得很可靠呢！

90天計劃
結束後——
有什麼感想嗎？
嘗試90天之後，
結果
不如預期
嗎？
……
一開始
都是這樣的。
那，三位的
消／浪／投平衡
變得如何呢？
是嗎
不用灰心
90天計劃
結束之後
就來回顧成果吧！
我呢…
啪…
跟第1個月
相比，浪費減少了
7000日圓左右。
我想用在
包含存款在內的
投資中…
有4個目的，

①透過錢了解「自己是什麼樣的人」
我有盡量推掉喝酒的聚會，
可是花在咖啡店的錢好像反而變多了。
重新檢視夢想筆記與記帳本，就能看出自己是如何度過這90天的。
DIARY
但是，整體看來浪費減少了吧？
這樣很了不起喔！
我也因為省下一些餐費，所以浪費減少了…
可是投資好像幾乎沒有增加。
伙食費是自己煮嗎？
嗯。
因為…現在沒機會煮兩人份了。
啊……
(秒懂)
用錢的方式，代表你這個人，還有你的生活方式。

這份紀錄如實呈現出妳的「過去」與「現在」。
不過，我沒事。
我想以後一定可以遇到能跟我一起互相勉勵成長的對象。
正確掌握這點後，妳就能更具體、更實際地思考今後自己想過的生活。
這是很了不起的進步喔！奈月小姐。
是、是這樣嗎？
嗯。
因為，奈月小姐表現出「未來要由自己開創」的決心啊！

②記取反省
再重複實行90天計劃
妳們還會繼續去做吧？
是的
那麼，試著把自己做得很好的地方與困難的地方寫下來。
・1周目 反省点
這是為了能越來越接近儲蓄體質。
可是～我還是很喜歡去咖啡店或時髦的餐廳啊～
紗矢的公司在時尚的商業區吧！
我認為不需要剝奪這些樂趣喔！
每天的話可能太困難了…
不過如果是「3次中忍耐1次」的話如何？
當妳想去時尚的咖啡店或餐廳時，
妳可以這樣想「昨天跟前天我已經去過了，

原來如此⋯
這樣的話我可以做到⋯
不然也可以設定為，只有在獎勵或慰勞自己的時候才去這些店。
「怎樣的方式才能讓自己持之以恆呢？」
像這樣思考，並且摸索出自己可以養成習慣的模式。
這就是③有彈性地調整規則，不氣餒地堅持下去會越來越懂得找出正確的作法
結論就是適合自己的作法除了自己尋找之外別無他法。
所以不會造成壓力的省錢術也因人而異。
不需要因為跟別人比較，而感到焦慮或消沉。
沒錯。

如果常把「因為這是我自己訂下的規則」掛在嘴邊，而被規則制約的話，也可能會導致失敗。

NG

自訂的規則

自己訂下的規則也可以彈性調整。

OK

自訂的規則

在剛開始的時候想成是「放寬標準總比放棄好」這樣也ＯＫ。

因為每個人的狀況都不同啊！

只要慢慢改善就好。

沒錯！在這之中，如果到了月底「這個月和朋友聚餐把錢花掉了，那別的地方就節省一點吧！」

あるある

要時常保有這樣的彈性。

④要從「只是掌握數字」提升為「知道數字代表的意義，並了解數字會影響結果」要能內化這樣的概念

也就是對每個月收支的感覺，變得跟呼吸一樣自然吧！
是的。
有些常客會很自然地把消／浪／投的平衡加入日常對話中，像是「這個月是72／4／24，投資有點少。」
是1％為單位…？
這些人剛開始也曾為家計煩惱得焦頭爛額呢！
是啊…這樣的話我們也…
對啊，妳就會想「我們也能改變」吧？
慢慢來也沒關係。
奈月小姐覺得不安嗎？
嗯、嗯嗯雖然說可以慢慢來…
但是我不希望進展太慢…

這樣的話，妳可以定期檢視這個。
ズッ

我回來了～
真沒想到竟然有可以收到女兒禮物的一天…

妳爸一定會很高興。
嗯。
但是他嚷嚷著說今天奈月要回來，所以要早點回來什麼的。
爸爸還在上班嗎？

就連以前的我也只是想著總有一天……之類的。
我真的很感激～

哎呀！
好美的項鍊！
奈月，謝謝。
應該很貴吧？

還、還好啦！
妳現在變得會存錢了嗎？
進步很多嘛！
啊，不過我沒有逞強喔！

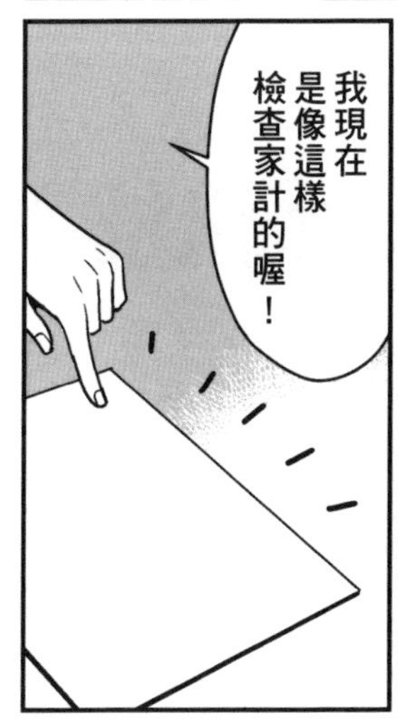
我現在是像這樣檢查家計的喔！

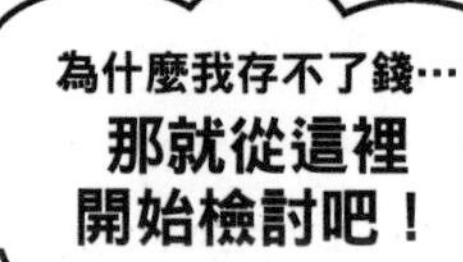

檢討儲蓄生活的Check List

重點式改善每一個打勾的項目

【消費、浪費的檢討】

□手機月租費的服務內容超過實際的使用狀況太多
□落入永遠還不完借款與貸款的循環之中
□居住費壓迫到家計
□不小心就會在外用餐，或是容易買下高價的食材
□每個月都要支付搞不清楚合約內容的保險費用
□酒或菸的支出過高
□不太在意與汽車相關的支出
□無意義的交際費過多
□認為就算節省水電瓦斯，費用差異也不大
□不太閱讀卻長期訂閱報章雜誌
□偶爾才去一次健身房或才藝教室，卻一直支付會費
□有賭博習慣
□每天都會去逛便利商店，隨手買些小東西

【概念檢討】

□無法持續記帳90天
□不論什麼都用信用卡付款
□無法增加消浪投中的「投資」比例
□沒有使用儲蓄帳戶或存錢筒等存錢工具
□會用現金卡等方式借錢
□從不去思考增加收入的機會

嗯～～
妳不是本來就有銀行帳戶了嗎？
消．浪．投……

是要再開一個專門儲蓄的戶頭喔！
我也是人家教我才知道的…
存錢的訣竅就在於不能柿子只挑軟的吃，不然很容易就會失敗。

所以想認真做的話，每一步都要有正式開始的感覺比較好。
みつは銀行
也是因為這樣才要確認。
是喔～
好看嗎？
適合嗎？

嗯。很適合妳喔！
我…
一直以來都把重要的事物放在最後

妳是不是有說過…「下次想要介紹一個人給你們認識」？
啊、啊啊…這個嘛…

下一次油菜花開的時候…應該可以吧…
是嗎…
畢竟是妳的幸福，急也沒用呢！
只要有往前邁進就好。
嗯…我會的。
非常抱歉～我來晚了～
等你很久了，野村先生。
唉呀…
發生什麼好事嗎？
三個人的表情都很不錯呢！
料理教室
アローズ

是、是嗎？也沒什麼啦…
跟平常一樣吧…？
妳們的「跟平常一樣」好像有進階的感覺…
在我看來是這樣喔！
日子不停地過
差不多要開始囉～
今天的食譜是——
不過與以往有些不同，是「不斷向前邁進」的日子。

Column

學會無壓力的「存錢術」

為了持之以恆，必須找出自己的規則

財務管理其實跟減重有些相似。

不論是存錢或是減重，都需要花上一段時間才能看到成果。所以持之以恆很重要。

但是如果一直逼自己忍耐，某天爆發就會亂花錢或是暴飲暴食。最後有不少人會因此感到挫折。

為了避免事態演變成這種地步，財務管理與減重都需要學習可以盡量不要產生壓力的方法。

只不過，每個人會感到壓力或感到放鬆的點都不一樣。所以需要自己尋找適合自己的方法。接下來我會介紹幾個關於不累積壓力的財務管理技巧範例。

①訂定目標的同時也訂下給自己的獎勵

不論是存錢或是瘦身，太過嚴格律己追求成果是無法長久的。剛開始時，節省的目標與儲蓄目標可以訂低一點。就算是小小的目標也能聚沙成塔，存款也會慢慢增加。

另外，設定目標的時候也一起，「達成目標的話就買雙新鞋」、「想去那家餐廳吃大餐」等等，先想好要如何犒賞自己，這樣就會有很多人為了獎勵而努力。目標達成時心情會很舒暢，也有助於維持動力。

②剛開始先把注意力放在存款上

這是對有多少錢就花多少錢的我也有效的方法。

我不是那種可以輕鬆存錢的類型，所以在存款達到一定程度前，我必須全神貫注在存款上。當薪水匯進來後，立刻就先把生活必須的錢留下，其他錢全部轉進儲蓄專用帳戶中，我決定要為了存錢，強制消除亂花錢的可能性。雖然這樣做當然很辛苦，但是告訴自己「撐過最初幾個月就好」，並度過難關。

經過幾個月，存款有些起色後，我就會稍微奢侈一點，買瓶威士忌之類的犒賞自己，讓自己稍微鬆口氣。雖然這是我個人的情況，但是因為我不希望辛苦存的錢變少，而且時常提醒自己要增加更多存款，所以才不會亂花大錢。

③以每週為單位管理伙食費

每天都需要花費伙食費，但是我想對大多數人來說，把伙食費分成每週管理，會比每月管理更能減少浪費的情況發生。比方說，一個月的伙食費是4萬日圓（為方便說明，假設一個月有4週），那每個月就放1萬日圓到錢包裡，這樣就能更容易掌控伙食費。

如果有餘額的話，可以看要留到下週用或是存起來，只要自己決定好規則就可以。不過，假設有一週超支花了1萬2千日圓的話，下週的伙食費就要扣掉超支的部分，只能使用8千日圓，試著一個月不要超過4萬日圓。

存錢術是做得越久會越輕鬆

以上內容只是在告訴你有這樣的技巧。但是因為不一定適合每一個人，所以還是要一邊實踐儲蓄計劃，一邊尋找適合自己的方法。只要持續下去，一定會建立出一個既不費力又適合自己的模式。

因為要嘗試一個新的開始，所以第一個90天一定會困難重重。記帳與分類支出也很耗費時間，還會伴隨著不安與痛苦。

但是，只要持續下去，慢慢就會找到自己的規則與喘息的空間，習慣之後壓力也會慢慢減輕。再者，只要堅持下去一定可以存到錢，所以心情上也會感到比較輕鬆。儲蓄是長期抗戰，因此要把眼光放在未來，全力邁進。

Column

學習存錢力便能改變人生！

只要學會存錢術，人生也會往好的方向前進

我常常說「存錢力＝改變人生的能力」。

我獨立出來自己開公司後，常常會遇到「明明有想做的事，卻沒有足夠的資金」這樣的情況。

好不容易找到一個新目標，但是因為存不了錢而感到挫折的話怎麼辦？剛好有千載一遇的機會讓你可以完成夢想，這時候卻因為沒有存款而不得不放棄的話，我會覺得非常的可惜。

相反地，如果有錢（存款）的話，人生中的選擇的確會增加。

存款並不只是讓自己安心的「保障」，還是當自己想開始新事物時的「武器」。

比方說，曾經有一位女性，她是公司總務部的經理。她很常徵求社會保險勞務士（社會保險代理人）的建議。有一天她因為來我們事務所討論財務管理而開始思考要如何自我投資，最後她決定自己也要成為社會保險勞務士。之後她便開始存錢，並考取證照，轉職到新的職場。她覺得新工作對她來說更有意義，薪資也更高。

另外，在實行90天儲蓄計劃後，很多人都還清了債務。於是他們變得比以前更開朗，對任何事都表現出積極的態度。「結交了新夥伴」、「找到新的興趣後每天都很充實」等出現明顯的變化。

學會存錢的方式後，不論在性格或生活上，是否都更能活出自己的樣子呢？

現在正閱讀本書的你，一定也會變得更好。掌握存錢力，你也可以打造美好人生！

結語

感謝您讀到最後。

如果讀完本書能讓一些讀者覺得「我想立刻開始存錢」或是「我好像也可以存錢」的話，那我會感到非常開心。

常常會有人問我：「為了將來」還有「擔心老年生活」，是不是應該開始投資比較好？投保私人年金好還是不好？不論是投資或是私人年金都沒有什麼不好，我也能了解很多人會擔心老後的資金。

但是，擔心還很久遠的未來，卻忽略當下的家計管理，我覺得好像很沒意義。如果勉強把錢拿去投資或保險，就算只是一點點的浪費，也會變得無法投資自己。為了還很遙遠的老年生活而犧牲現在的生活，我覺得是很浪費的事。

現在因為沒有存款而擔心老年生活的人，我希望你們可以先腳踏實地學習正確的存錢術。

這麼一來，不論所得高低都一定能存錢。來找我規畫理財的人中，也有很多人年收只有250～300萬日圓，卻可以存到好幾千萬日圓的存款。

首先我希望你可以著眼於現在，學習正確的用錢方法。因為從現在開始累積，老後一定能聚沙成塔。一點也不需要對將來感到悲觀。

另外，學會管理財務的能力後，也同時可以學到扎實的投資能力，再來就能增加資金。

不要著急、不要灰心，試著開始儲蓄生活吧！

橫山光昭

【作者介紹】

【原作】

橫山光昭

家計再生顧問。

株式會社myfp社長。以家計中的債務／貸款為中心，幫助人們找出盲點，並從根本解決問題，以從實質上改善家計為目標。

透過個別諮詢與指導打造獨特的儲蓄計劃，實現不重蹈覆轍的重生與進步，已有1萬多人改善家計赤字。

在業界也算是特立獨行的存在，常在各種媒體上撰稿，演講活動也很多。

著有《年收兩百萬的儲蓄生活宣言（暫譯）》（Discover 21）、《無法存錢的人超單純（暫譯）》（大和書房）、《寫給初學者的三千元投資生活（暫譯）》（ASCOM）等多本著作。

株式會社myfp　http://www.myfp.jp/

【漫畫】

桜こずえ

除了為顧客訂製「從相遇到結婚」的世界唯一的婚禮漫畫外，也為企業商品或服務介紹繪製插畫，活躍於繪製商業漫畫與教材的插畫。

管好你的記帳本
薪貧族無痛儲蓄法

2017年7月1日初版第一刷發行

作　　者　橫山光昭
譯　　者　李秦
編　　輯　楊麗燕
發 行 人　齋木祥行
發 行 所　台灣東販股份有限公司
<地址>台北市南京東路4段130號2F-1
<電話>(02) 2577-8878
<傳真>(02) 2577-8896
<網址>http://www.tohan.com.tw
郵撥帳號　1405049-4
法律顧問　蕭雄淋律師
總 經 銷　聯合發行股份有限公司
<電話>(02) 2917-8022

國家圖書館出版品預行編目資料

管好你的記帳本，薪貧族無痛儲蓄法 / 橫山光昭著；李秦譯. -- 初版. -- 臺北市：臺灣東販, 2017.07
174面；14.7×21公分
ISBN 978-986-475-388-8(平裝)

1.儲蓄 2.家計經濟學

421.1　　106008612